To Be A Western
style Food Chef

西餐大師

在家做出100道主廚級的豪華料理

許宏寓、賴曉梅 著

楊志雄 攝影

U0023798

帶你進入「國宴級」的西餐境界

當讀者翻閱這本書，就好像在聆聽西餐大師許宏寓述說他的國宴主廚的故事；
也感受到他的誠懇、堅持卓越與踏實的態度。

台灣的西餐，從早期的「看起來很像」經過「吃起來很像」到現在的「米其林級」
靠的就是許多像許宏寓老師這樣的執著與努力。從 16 歲起，30 多年來透過不
斷的致力於發展、比賽與考察來精進自己的廚藝，成為五星級大師。更為傳承，
不吝將自己多年累積的各種經驗分享，以培訓後進，已然變成國內餐飲學生爭
相效法的榜樣。

如果「米其林級」不能滿足讀者味蕾的話，許老師的外交部春宴、國宴的執行
主廚及遠赴歐洲推廣台灣美食的經驗，將帶領大家進入「國宴級」的境界。他
能以最簡單的文字與詳盡的圖片，把複雜的製作程序與技巧，變得輕鬆易學，
彰顯他之所以為大師的功力所在。

一本在手，僅是翻閱就已讓人食指大動、垂涎不止、躍躍欲試。何不放下工作，
邀個好友或家人，與許老師共度一個不一樣的一天。讓他帶領著你／妳們從選
擇食材到擺盤上桌，能按圖索驥，試試自己的身手，不僅能盡享口腹之欲；藝
術化裝盤帶來視覺的享受，愉悅的讓人忘掉煩惱，體驗一下總統賓客的美食。

外交部禮賓處處長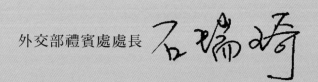

將專業廚藝深入淺出，融入生活

西餐名廚許宏寓在本校擔任兼任老師已有 9 年的時間，現將專業廚藝深入淺出融入生活，聯合推出 (新手也能變大廚) 出版後，藉由簡明解說，詳細步驟示範，輕易的瞭解書中所述，而且圖文並茂，幫助學習西餐烹飪人士，奠定紮實的廚藝基礎。

經過細心審慎的籌備內容後，西餐名廚許宏寓，進一步出版此書。將操作、食譜與圖解相結合，並加強了烹飪理論與操作技巧的呈現，運用在各類不同型態的料理。

新世紀的餐飲丕變，型態不一。唯有確實理解食材的作用、烹調的方法、創意流行擺盤，方能面對種各類型的轉變。本書融入了數十年烹飪技術與教學的心得。相信本書定能為有心學習西餐烹飪人士，學習正統西式料理與甜點技藝的正確方法。在許老師的書即將付梓之際，特予以推薦

國際高雄餐旅大學　校長　

傾囊相授，從不私藏

70 年代國外的連鎖飯店陸續來到台灣，如希爾頓大飯店，這些飯店不僅提升了台灣旅館業的素質，更重要的是也開啟了臺灣的正規西餐之路，在這之前，幾乎只是空有形體了無內容的西式餐廳。

許宏寓師傅從 16 歲學習廚藝，專攻西餐至今，數度前往義大利進修，並參與亞洲各級廚藝相關的國際重要競賽，傳承了無數的廚師與學子，傾囊相授從不藏私。賴曉梅師傅亦於 16 歲開始，學習甜點製作，不僅有豐富的業界經驗與教學資歷，更屢次榮獲國際甜點大獎，「最擅長少女的酥胸—馬卡龍」，曾在國宴時為總統與國外貴賓特製創意馬卡龍，頗受佳評。

這本書再次由兩位師傅攜手合作，依循著書裡的脈絡，讀者能輕鬆的做出一整套的西餐，包含精緻小吃、沙拉、湯品、三明治、義大利麵食與燉飯、海鮮類與各式肉排主菜等，全部囊括其中，此外，還有 20 款玲朗滿目的嚴選甜點，馬卡龍、泡芙、慕斯、巧克力等製作應有盡有。

臺灣生活水平的提升，品嘗西餐已是生活中的一部份，不只是懂得吃，還要知道如何製作，及懂得欣賞。

本書不僅圖文並茂，還有詳細的圖解步驟與說明，淺顯易懂的讓讀者可以「在家做出 100 道主廚級的豪華料理」。

展圓國際股份有限公司董事長
張寶鄰

將一口好吃好喝，帶進庶民廚房

一直以為，人生在世，就求一口好吃，一口好喝。

要心情愉悅、要餐具順手、要有桌有椅有環境、要服務，一切的一切，就是為了要好好的坐下來、穩當的、好整以暇的、細細的品嚐這一口好食，一口好喝；一直無時不刻就在追尋、細品這樣的人生境界與好食伴，以之自鳴得意。

不料吾友許老師在屢屢協助我輩閒人與各餐飲同業先進精進人生境界與餐飲水準之餘，竟然更上一層樓，將這一口好吃好喝直接帶進了庶民廚房，出了一本書。現在，竟然，又要出第二本書了。

綜觀本書，務實、有效、一貫的賞心悅目，還是典型的大師級追求完美的偏執表現。

祝願本書，可以成就眾多大小廚房裡男女老少西餐大師，做出一口口好吃，一口口好喝，大家夥兒共襄盛舉，加油啊，美食萬歲。

森田藥粧 總經理

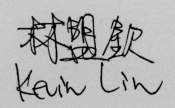

「用心、愛心、熱心」，烹飪好料理

「西餐大師－在家做出 100 道主廚級的豪華料理」之書，是我將希爾頓、麗晶、長榮桂冠、漢來、晶華等五星級大飯店西餐烹飪與在高雄餐旅大學、環球科技大學、大同技術學院和中山工商等大專院校的授課，將個人 30 年實際廚務、教學經驗，融合為一的心得呈現。

西餐烹調領域，涵蓋非常廣泛，因此學習西餐烹調，不僅需要先奠定烹飪基礎，更要「用心」了解廚藝技術、認識食材及其運用方式，與當地的飲食文化背景，才可掌握食材的特性與烹調技巧，並勇於創新、研發更好的菜餚。對於增進精進廚藝，除個人遠赴義大利、法國進修，學習當地經典佳餚。對於後輩，我一直抱持著「熱心」的態度，鼓勵並協助他們參加國內與國際性烹飪大賽，藉「教與學」的過程激勵成長，與世界各地廚藝廣結善緣。

每位廚房工作者，應該期許自己成為一位烹調藝術家，若能對烹調秉持「用心、愛心、熱心」理念，且勇於創新菜色。相信每個人都能烹飪出好料理。

本書出版感謝廚藝界長官先進的提拔、栽培和指導，特別是高雄餐旅大學：容校長 繼業先生、外交部禮賓處：石處長 瑞琦先生、展圓餐飲集團：張董事長 寶鄰先生、森田藥粧：林總經理 盟欽先生、全球餐飲發展股份有限公司：岳執行長家青先生、環球科技大學觀光與餐飲旅館系丁主任 一倫先生，並感恩親友家人和學生們的關懷。本拙著如仍有疏漏之處，期盼餐飲廚藝界專家學者不吝指，使自己有更多學習和成長的機會。

2013.06.27
許宏寓謹誌

「大膽提問，認真學習」累積廚藝實力

在高中求學階段，我主修的是廣告設計科，和現今所從事的餐飲業沒有太大的相關性。高中畢業後就在餐飲業打工，剛進入這行時，是以學徒的身分開始磨練基本功，而當時的西點廚房也只有我一個女學徒。在那個年代，很少有女生從事內場工作，所以女孩子進這行一點都不吃香。而當時也沒有任何的餐飲學校，甚至老師傅的食譜也是憑記憶口傳，學徒必須靠強記才能學到技術；而我也分外認真學習，爭取進取機會，舉凡師傅不去的研習活動我都搶著去，希望透過不同的學習機會，增進自己的實力。

二十多年來，我參加了上千場講座，多次到國外進行短期進修，覺得讓自己進步最快的方法，就是「大膽提問」及不斷的練習與學習，唯有透過這樣的舉動，才會加強你的記憶，也利用這種學習方式，吸取別人累積下來的經驗，進而轉換成自己的資源。

很開心有這個機會讓喜愛製作甜點的您一起參與我的甜點世界。同時我想告訴各位讀者們，也許你不是餐飲學校畢業，也許你沒有專業的知識，但是，只要熱衷於學習自己喜愛的事物，讓一切從零開始，相信自己，只要認真努力的學習，您也可以創造出一道道美味的甜點！

最後也要感謝，在餐飲業中願意傳授廚藝的師傅們，也因為有他們無私的奉獻，才能讓後輩們吸收前人的經驗而結合所學，創造出更多不一樣的創意甜點，也讓台灣的餐飲，在世界上持續的發光發熱。

賴曉梅

2013.06.27

contents
目 錄

1 CHAPTER
基本沙拉醬汁製作

2 CHAPTER
基本配菜製作

3 CHAPTER
精緻小吃

4 CHAPTER
北歐式開放三明治

5 CHAPTER
開胃菜

1
CHAPTER

基本醬汁
BASIC SAUCE

醬汁在西餐中佔有舉足輕重之地，它不僅影響到菜餚的調味，甚至連好吃與否的關鍵都與其息息相關。無論是當佐料或配麵包做成開胃點心，只要醬汁製作味美，必使料理大大加分。

Barbecue Sauce
BBQ 醬

〔材料〕

洋蔥 Onion	30 公克		香菜 Coriander	20 公克
大蒜 Garlic	15 公克		巴西里 Parsley	5 公克
西芹 Celery	20 公克		九層塔 Basil	8 公克
紅辣椒 Chili	10 公克		檸檬皮 Lemon zest	3 公克
白蘭地 Brandy	20cc		番茄醬 Tomato ketchup	500cc
月桂葉 Bay leaf	1 片		雞高湯 Chicken stock	120cc
橄欖油 Oliver oil	30cc		胡椒鹽 Salt& pepper	適量

〔作法〕

1. 香菜、辣椒、大蒜、巴西里、九層塔、檸檬皮、洋蔥、西芹分別切碎。
2. 取一鍋，熱鍋後倒入橄欖油，下洋蔥炒。
3. 待洋蔥炒軟後，放入大蒜、辣椒及月桂葉拌炒。
4. 再加入西芹、香菜、檸檬皮、巴西里與九層塔拌炒。
5. 拌炒後，倒入番茄醬炒勻。
6. 最後加入雞高湯煮滾後，關小火，約煮 30 分鐘，煮開後撒些許胡椒鹽即可。

Tips. B.B.Q 醬若再加入一些帶皮的桔子果醬和檸檬汁，風味會更好。

Chicken Grary

雞骨肉原汁

{ 材 料 }

雞骨 Chicken bone	2 公斤	紅蘿蔔 Carrot	160 公克	丁香 Cloves	1 公克
雞高湯 Chicken stock	3 公升	青蒜 Leek	60 公克	蕃茄糊 Tomato paste	80 公克
飲用水 Water	3 公升	百里香 Thyme	1.5 公克	紅葡萄酒 Red wine	200ml
洋蔥 Onion	250 公克	巴西里梗 Parsley stick	3 支	黑胡椒粒 Black pepper corn	2 公克
西芹 Celery	160 公克	月桂葉 Bay leaf	3 片	鹽 Salt	3 公克

{ 作 法 }

1. 將雞骨剁成 6 公分小段洗淨，洋蔥切 2 片圓厚片與大丁。西芹、紅蘿蔔丁、青蒜切大丁，巴西里梗切段（雞高湯、水、百里香、月桂葉、丁香、番茄糊、紅葡萄酒、鹽）備用。
2. 取一烤盤，將洋蔥丁、西芹、紅蘿蔔丁、青蒜鋪底，將雞骨頭放在上面。再加入番茄糊抹在切好的蔬菜丁上，再加入香料，放入 180°C 箱烤，烤至骨頭呈褐色。（預熱後，約烤 30 分鐘）
3. 取一鍋放入雞高湯，把作法 2 烤好的食材倒入。
4. 洋蔥圓厚片煎成焦糖化，也放入鍋內。
5. 取紅葡萄酒，倒入作法 2 的烤盤中（烤好的材料已經取出），放在爐檯上以大火燃燒，將酒精味道去除。（燃燒中需攪拌），把餘汁倒入作法 3 的湯鍋中。
6. 雞高湯，飲用水、鹽一起攪拌均勻。
7. 將所有材料拌均勻，以大火熬煮至滾。轉中小火，熬煮 2 ～ 3 小時煮至軟爛，雞骨與肉分離。
8. 將熬好雞骨原汁，以篩網將湯過濾即可。

Sweet Cron And Orange Salsa
柳橙玉米莎莎醬

〔材 料〕

玉米粒 (罐頭)Sweet corn 80 公克
柳橙果肉 Orange wedge　50 公克
檸檬汁 Lemon juice　　10cc
洋蔥 Onion　　　　　10 公克
辣椒 Red chili　　　　5 公克

大蒜 Garlic　　　　　10 公克
香菜 Coriander　　　　5 公克
橄欖油 Olive oil　　　10cc
胡椒鹽 Salt& pepper　適量
巴西里 Parsley　　　　適量

〔作 法〕

1. 柳成削皮，取果肉，壓汁。
2. 香菜取其葉，去梗，切碎；洋蔥、大蒜、辣椒、巴西里、九層塔切碎。
3. 取一容器，放入柳橙汁、柳橙果肉與玉米粒。
4. 再加入洋蔥、大蒜、辣椒、巴西里、九層塔及香菜。
5. 最後倒入檸檬汁與橄欖油，攪拌均勻即可。

Pineapple Chutney
鳳梨蜜醬

〔材料〕

橄欖油 Oliver oil	15cc	砂糖 Sugar	120 公克	荳蔻 Nutmeg	1/2 茶匙
洋蔥 (碎)Onion chopped	150 公克	檸檬汁 Lemon juice	40cc	丁香 Clove	1/4 茶匙
薑 Ginger	15 公克	紅酒醋 Red wine vinger	15cc	紅辣椒 (碎)Chili chopped	適量
鳳梨 Pineapple	500 公克	柳橙汁 Orange juice	60cc	白蘭地 Brandy	適量

〔作法〕

1. 鳳梨去皮,切小丁。
2. 薑去皮,切碎。
3. 柳橙去皮後,取果肉,再壓汁。
4. 取一鍋,熱鍋後將砂糖炒至焦化。
5. 鍋中再倒入檸檬汁、柳橙汁、洋蔥、巴西里、紅辣椒、鳳梨、薑、荳蔻、丁香一同拌炒。
6. 拌炒至稍為收汁時,再放入柳橙肉煮。
7. 炒至鳳梨與洋蔥軟化,產生香味後,再加入白蘭地與紅酒醋拌煮,至濃稠收汁,即完成。
8. 盛碗後,以檸檬皮為裝飾。

Orange And Apple Chutney

蘋果柳橙蜜醬

〔材 料〕

柳橙 Orange	1 粒	白蘭地 Brandy	15cc	
蘋果 Apple	120 公克	檸檬汁 Lemon juice	15cc	
二號砂糖 Sugar	20 公克	鹽 Salt	少許	

〔作 法〕

1. 蘋果切丁泡鹽水；柳橙皮削下後切小丁。
2. 柳橙剖半壓汁。
3. 砂糖加熱融化後，加入柳橙汁、柳橙皮及蘋果丁拌煮。
4. 撒入肉桂粉，煮至濃稠、軟化，加入白蘭地與鹽拌勻。

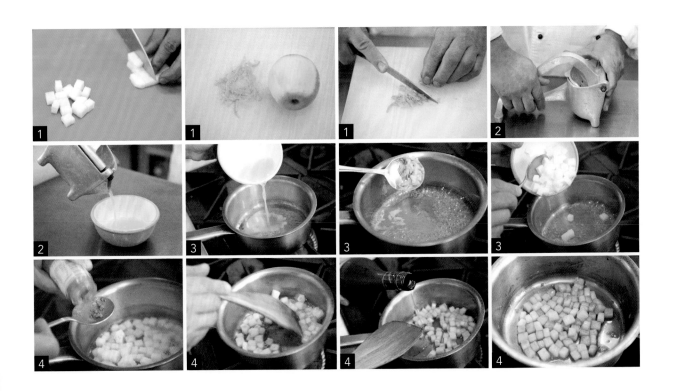

2
CHAPTER

基本配菜
BASIC VEGETABLES AND STARCHED

配菜是西餐中不可或缺的角色，一道料理中若缺少配菜的襯托，
不僅會使主菜失色不少，還會使菜餚失去完整性。作為配菜的基
本款不外乎是馬鈴薯、地瓜、蔬果…等，簡單的食材就可創造出
不同的料理變化。

Pilaf Rice

奶油飯

〔材料〕

奶油 Butter	50 公克	白米 Rice	300 公克
洋蔥（碎）Onion chopped	50 公克	月桂葉 Bay leave	1 片
大蒜（碎）Garlic chopped	少許	雞高湯 Chicken stock	350cc
巴西里（碎）Parsley chopped	少許	胡椒鹽 Salt& pepper	適量

〔作法〕

1. 取一鍋，熱鍋後放入奶油、洋蔥拌炒。
2. 待洋蔥炒軟後，放入大蒜、月桂葉炒。
3. 再倒入白米翻炒，加入雞高湯拌煮。
4. 拌炒至收汁，米 5 分熟，撒些許胡椒鹽。
5. 蓋上鋁箔紙，放入烤箱，溫度約 180°C，烤 18 分鐘。
6. 從烤箱取出後，盛碗，撒上巴西里。

Lyonnaise Potatoes
里昂馬鈴薯

﹛材 料﹜

馬鈴薯 Potato	300 公克	巴西里 (碎) Parsley chopped	適量
奶油 Butter	20cc	胡椒鹽 Salt& pepper	適量
洋蔥 Onion	30 公克	橄欖油 Olive oil	
培根 Bacon	20 公克		

﹛作 法﹜

1. 馬鈴薯洗淨後，含皮一起下鍋煮熟，待冷卻後放入冰箱冷藏一天。
2. 取出冷藏後的馬鈴薯，去皮，切圓片，為馬鈴薯片。
3. 熱鍋後倒入橄欖油，下馬鈴薯片，將其煎至金黃色。
4. 洋蔥與培根切絲。
5. 另取一鍋，放入奶油與培根爆香，加入洋蔥炒軟。
6. 炒軟後，放入煎好的馬鈴薯片拌炒。
7. 最後撒下胡椒鹽與巴西里。
8. 將炒好的馬鈴薯盛入碗中。

Sauteed Mixed Mushroom

炒蕈菇

｛材料｝

橄欖油 Olive oil	30cc		胡椒鹽 Salt& pepper		少許
大蒜（碎）Garlic chopped	10 公克		百里香（碎）Thyme chopped		少許
蘑菇 Button mushroom	60 公克		迷迭香（碎）Rosemary chopped		少許
杏鮑菇 King oyster mushroom	60 公克		黑胡椒粗粒 Black pepper crushed		少許
鴻喜菇 Hypsizigus mushroom	60 公克				

｛作法｝

1. 杏鮑菇切粗條，蘑菇切丁，與鴻喜菇備用。
2. 取一鍋，熱鍋後倒入橄欖油，依序加入杏鮑菇、蘑菇與鴻喜菇拌炒。
3. 鍋中撒入百里香與迷迭香，以中火拌炒。
4. 最後加入黑胡椒粗粒與胡椒鹽，即完成。
5. 盛盤後，以迷迭香為裝飾。

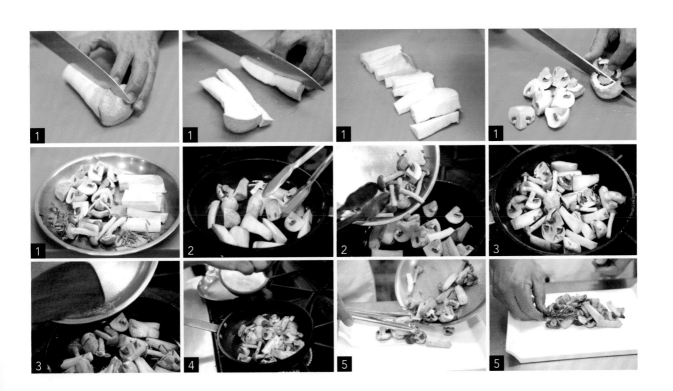

Mashed Potatoes

馬鈴薯泥

{材料}

馬鈴薯 Potato	300 公克	荳蔻粉 Nutmeg powder	少許
鮮奶油 Cream UHT	20cc	胡椒鹽 Salt& pepper	少許
奶油 Butter	30 公克		

{作法}

1. 先將馬鈴薯洗乾淨，不要削皮。
2. 取一鍋，倒入生飲水，放入馬鈴薯煮熟。
3. 煮熟後的馬鈴薯，將其去皮，放入鋼盆中。
4. 鋼盆中放入奶油、荳蔻粉，與馬鈴薯一起搗碎。
5. 搗碎後加入胡椒鹽與鮮奶油，用打蛋器打成泥狀。

Tips: 使用打蛋器拌打馬鈴薯時，勿拌打過久，會易產生馬鈴薯泥出筋的情況。

Dauphine Potatoes
焗烤多芬馬鈴薯

｛材料｝

馬鈴薯 Potato	450 公克	鮮奶油 Cream UHT	150cc
大蒜 (碎)Garlic chopped	20 公克	荳蔻粉 Nutmeg powder	少許
蛋 Egg	1 顆	帕瑪森起司 Parmesan chesse	20 公克
奶油 Butter	30 公克	葛利雅起司 Gruyere chesse	80 公克
胡椒鹽 Salt&pepper	少許		

｛作法｝

1. 葛利雅起司切絲；馬鈴薯切片。
2. 熱鍋後，下奶油與大蒜，拌炒至香味後，倒於碗中，待冷卻。
3. 鋼盆中放入鮮奶油和荳蔻粉，打入一顆蛋，用打蛋器拌打均勻。
4. 再加入胡椒鹽，與剛剛炒好的大蒜，拌勻。
5. 取一長方形的模型盒，盒中刷上一層奶油。
6. 先鋪上一層馬鈴薯片，淋上作法 4 的醬汁，鋪上一層葛利雅起司，再撒上帕瑪森起司，重複此動作 4 次。
7. 待將模型盒鋪滿後，再以抹刀把它壓扎實。
8. 取一烤盤，倒入少量的水，再放上鋪滿馬鈴薯的模型盒，以隔水加熱的方式送進烤箱。
9. 烤箱溫度 180℃，烤 50 分鐘。
10. 從烤箱取出後，放入冰箱冷藏，待其凝固變硬。
11. 冷藏後取出，將其脫模，切成菱形狀，即可擺盤。

Sweet Potato Orange Flavor

香橙風味地瓜

｛材料｝

地瓜 Sweet poato	500 公克
水 Water	500cc
柳橙汁 Orange juice	150cc
糖 Sugar	150 公克

檸檬汁 Lemon juice	10cc
鹽 Salt	少許
柳橙皮 Orange zest	20 公克

｛作法｝

1. 將柳橙皮削下，削薄皮；地瓜洗淨後，去皮，削成酒桶狀。
2. 取一鍋，熱鍋後以小火炒糖，炒至有些許焦香味產生。
3. 再倒入檸檬汁，將糖煮至融化。
4. 加入柳橙皮、柳橙汁，煮至濃稠收汁。
5. 酒桶狀地瓜放入鍋中，加生飲水煮至 5 分熟。
6. 再把煮至 5 分熟的地瓜放入作法 4 中燉煮，放入些許鹽巴，綜合柳橙與地瓜的甜味。
7. 待完成後即可盛碗。

Vegetables Braised

燉蔬菜

｛材 料｝

橄欖油 Olive oil	30 公克	紅椒 Red bell pepper	30 公克	洋蔥 Onion	30 公克
馬鈴薯 Potato	50 公克	黃椒 Yellow bell pepper	30 公克	雞高湯 Chicken stock	150cc
櫛瓜 Zucchini	50 公克	茄子 Eggplant	60 公克	九層塔（碎）Basil chopped	少許
紅蘿蔔 Carrot	50 公克	番茄 Tomato	30 公克	巴西里（碎）Parsley chopped	少許
白蘿蔔 Turnip	50 公克	洋菇 Button mushroom	50 公克	胡椒鹽 Salt& pepper	少許

｛作 法｝

1. 馬鈴薯、櫛瓜、紅蘿蔔、白蘿蔔、紅椒、黃椒、茄子、洋菇、番茄及洋蔥都切丁，為蔬菜丁。
2. 取一鍋，熱鍋後倒入橄欖油與洋蔥拌炒。
3. 待洋蔥炒軟後，放入紅蘿蔔、馬鈴薯、白蘿蔔炒。
4. 再加入洋菇、櫛瓜、紅椒、黃椒、茄子拌炒。
5. 倒入雞高湯，將紅蘿蔔與馬鈴薯燉到軟化，放入番茄煮。
6. 最後加入九層塔、巴西里、胡椒鹽，煮至收汁。

Ratatouille Stewed
燴法蔬

〔材料〕

綠櫛瓜 Green zucchini 20 公克	番茄 Tomato 20 公克	巴西里 (碎) Parsley chopped 適量
紅甜椒 Red bell pepper 20 公克	洋菇 Button mushroom 50 公克	雞高湯 Chicken stock 50cc
黃甜椒 Yellow bell pepper 20 公克	洋蔥 Onion 20 公克	胡椒鹽 Salt & pepper 少許
青椒 Green pepper 20 公克	大蒜 (碎) Garlic chopped 適量	番茄糊 Tomato paste 60 公克
茄子 Eggplant 60 公克	九層塔 (碎) Basil chopped 適量	

〔作 法〕

1. 番茄去皮去籽，切小丁。
2. 洋蔥、紅椒、黃椒、青椒、綠櫛瓜切小丁；茄子、洋菇切大丁。
3. 取一鍋，熱鍋後倒入橄欖油，放入洋蔥拌炒至軟。
4. 待洋蔥炒軟後，下洋菇、黃椒、紅椒、青椒、綠櫛瓜、茄子翻炒。
5. 再放入巴西里、九層塔、番茄與番茄糊拌勻。
6. 最後加入雞高湯拌煮，煮至濃稠收汁後，撒些許胡椒鹽。

3

CHAPTER

精緻小吃
Hors D'oeuvre

精緻小吃常出現於西方國家的宴會場合，通常份量都以一口為主，
不僅外觀看起來小巧精緻，也使宴會中的嘉賓方便入口食用。

Multi-layer Smoked Salmon With Crema Cheese
千層燻鮭魚

〔材 料〕

燻鮭魚片 Smoked salmon	5 片		迪戎芥末醬 Dijon mustared	10 公克	
奶油起司 Cream cheese	50 公克		全麥吐司 Brown bread toast	1 片	
蒔蘿（碎）Dill chopped	10 公克		蘿蔓生菜 Romine	1 片	
胡椒鹽 Salt&pepper	少許		迷迭香 Rosemary	少許	
美乃滋 Mayonnaise	20 公克				

〔作 法〕

1. 鮭魚切片。
2. 奶油起司軟化後，再拌入蒔蘿與胡椒鹽拌勻。
3. 將保鮮膜鋪平擺上鮭魚片，先抹上一層拌勻的作法 2，第二層再鋪上鮭魚片，重複此步驟，重疊 5 層。
4. 用保鮮膜包起，冷凍約 1 小時，取出切塊。
5. 美乃滋和迪戎芥末醬拌勻備用。
6. 全麥吐司去邊，對切 4 塊後切成三角形。
7. 在三角形全麥吐司上抹上作法 5 的醬汁，放上一小片蘿蔓生菜。
8. 把經過冷凍的鮭魚千層捲放在三角形的全麥吐司上，插上迷迭香作為裝飾。

Yam in black pepper crushed with tomato
黑胡椒山藥

{材 料}

山藥 Yam	1 條	全麥吐司 Wholemeal bread	1 片
胡椒鹽 Salt&pepper	少許	迪戎芥末醬 Dijon mustared	20 公克
黑胡椒粗粒 Black pepper crushed	20 公克	美乃滋 Mayonnaise	10 公克
橄欖油 Oliver oil	10cc	波士頓生菜 Boston lettuce	少許
蕃茄 Tomato	0.5 公克	捲鬚生菜 Frisse	少許
蘿拉羅莎生菜 Rollarosa lettuce	少許		

{作 法}

1. 全麥吐司去邊切成長方形。
2. 山藥切厚片，修成條狀，撒胡椒鹽調味，沾上黑胡椒粒。
3. 平底鍋裡倒入少許的橄欖油，將沾有黑胡椒粒的山藥下鍋煎至上色，完成後冷凍 15 分鐘。
   （也可前一天煎好放於冷藏，待隔天使用。）
4. 從冷凍取出山藥後，切約 1 公分厚度的斜片。
5. 番茄去皮去籽，切成小條狀備用。
6. 在長方型的吐司上塗抹拌勻的迪戎芥末醬與美乃滋，放上蘿拉羅莎與波士頓生菜。
7. 擺上山藥斜片，擠上美乃滋，再以番茄條做為點綴。
8. 最後擠上美乃滋，再用卷鬚生菜裝飾。

Prawn And Boiled Egg
蛋片鮮蝦

{材料}

鮮蝦 Prawns	5 尾		蘿拉羅莎生菜 Rolla rosa lettuce	1 片
水煮蛋 Boiled egg	1 顆		小黃瓜 (片)Baby cucumber	1 片
法國麵包 French bread	3 片		迪戎芥末醬 Dijon mustared	10 公克
美乃滋 Mayonnaise	10 公克		魚子醬 Caviar	少許

{作法}

1. 法國麵包切片壓模成圓形，塗抹上美乃滋與迪戎芥末醬。
2. 小黃瓜切薄片。
3. 洗淨的蘿拉羅莎與切片的小黃瓜擺在圓形的法國麵包上。
4. 把水煮蛋用切蛋器切成片狀，用壓模修邊，擺在作法 3 的法國麵包上，擠上美乃滋。
5. 將蝦開背，使其擺飾時易站立。
6. 開背的蝦放在作法 4 的法國麵包上，再擠少許美乃滋，點上魚子醬。

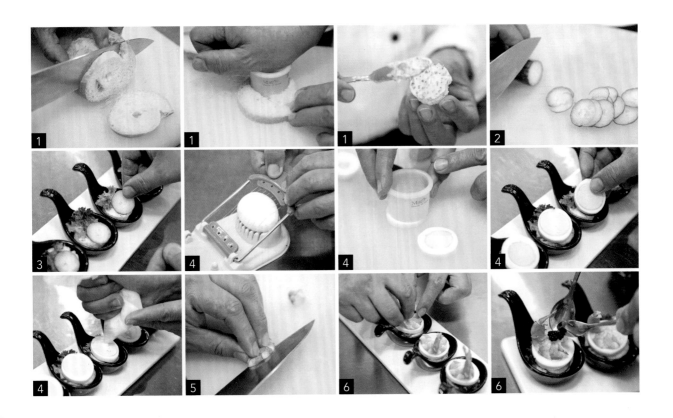

Tomato With Cream Cheese Roll
奶油起司番茄捲

｛材料｝

牛番茄 Beef tomato	1 顆		捲鬚生菜 Frisse	少許
奶油起司 Cream cheese	50 公克		胡椒鹽 Salt&pepper	少許
白吐司 White bread	1 片		美乃滋 Mayonnaise	10 公克
巴西里（碎）Parsley chopped	3 公克		迪戎芥末醬 Dijon mustared	10 公克
生菜葉片 Lettuce leaf	1 片		九層塔 Basil	2 片

｛作法｝

1. 番茄去皮去籽取肉，修成長方形，擦乾水分備用。
2. 先將奶油起司融化，加入胡椒鹽與巴西里碎拌勻做成塗醬。
3. 塗醬塗抹於番茄上，擺上九層塔後，再塗抹一層，最後用保鮮膜捲起，冷凍 30 分鐘，即為奶油起司番茄捲。（若不好捲時，可將番茄底部削薄一點再捲。）
4. 取出冷凍後的奶油起司番茄捲，將其切片。
5. 吐司去邊切成長方形，塗抹少許的迪戎芥末醬與美乃滋。
6. 將塗好醬的長方形吐司擺上一片生菜葉，放上 2 捲切片番茄捲，點上美乃滋，擺上一片捲鬚生菜。

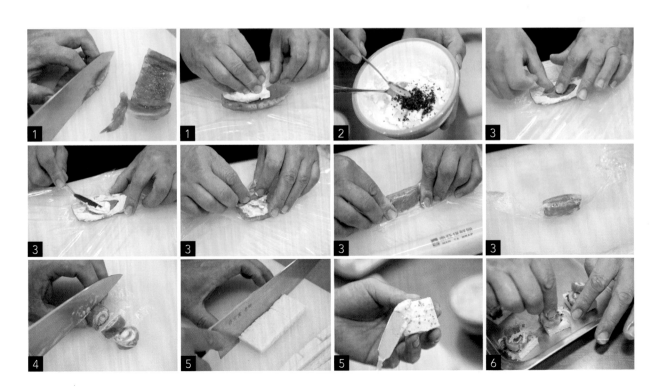

Scallops With Baby Cucumber
干貝黃瓜盅

【材料】

干貝 Scallops	6 顆	蘿拉羅莎生菜 Rolla rosa lettuce	1 片
小黃瓜 Baby cucumber	1 條	迪戎芥末醬 Dijon mustared	10 公克
黑橄欖 Black olives	3 粒	美乃滋 Mayonnaise	10 公克
黃甜椒 Yellow bell pepper	適量	白蘭地 Brandy	少許
橄欖油 Olive oil	10 cc	檸檬汁 Lemon juice	少許
胡椒鹽 Salt&pepper	少許	茴香 Dill	少許

【作法】

1. 小黃瓜洗淨後削 4 面的皮,斜切塊,去籽挖小洞。
2. 在小黃瓜的洞中塗抹美乃滋與迪戎芥末醬,擺上蘿拉羅莎。
3. 干貝燙熟切塊,用橄欖油、茴香、胡椒鹽、白蘭地及檸檬汁拌勻後,醃漬 5 分鐘。
4. 把醃漬後的干貝擺在作法 2 的小黃瓜上。
5. 將黑橄欖切半,黃甜椒切條狀,備用。
6. 在擺上干貝的小黃瓜上,擠少許美乃滋,放上黃甜椒與黑橄欖,再擠些許美乃滋即完成。

4
CHAPTER

北歐式三明治
OPEN FACE SANDWICHS

北歐的「開放式」三明治，是一種傳統的吃法，一片麵包上面放著各式各樣的烹煮食材，如牛肉、豬肉、鮭魚、鯡魚、蝦子或魚子醬等，再加上各類裝飾用的配菜，就可以製作出最具北歐風味的三明治。

Prawn And Tomato Open Face Sandwich
北歐式番茄鮮蝦三明治

{材　料}

草蝦 Grass shrimp	8 尾	胡椒鹽 Salt& pepper	適量
小黃瓜 (片)Baby cucumber sliced	4 片	奶油起司 Cream cheese	適量
黑橄欖 (片)Black olives sliced	12 片	裸麥麵包 Rye Bread	4 片
番茄 Tomato	80 公克	波士頓生菜 Boston lettuce	2 片
巴西里 (碎)Parsley chopped	適量	迪戎芥末醬 Dijon mustared	20 公克
九層塔 (碎)Basil chopped	適量	美乃滋 Mayonnaise	20 公克

{作　法}

1. 麵包切片，塗抹美乃滋及迪戎芥末醬，擺上波士頓生菜與小黃瓜片。

2. 草蝦汆燙後，去殼時留下尾部的尖肉，4 隻切背，4 隻切丁，備用。

3. 番茄切丁後與蝦肉丁、黑橄欖、巴西里、九層塔放入容器中，以少許美乃滋和胡椒鹽調味，拌勻備用。

4. 將拌勻的作法 3 盛在擺有生菜與黃瓜片的麵包上，擠美乃滋，放上切背的草蝦做為裝飾。

Smoked Salmon Open Face Sandwich
北歐煙燻鮭魚三明治

{材料}

牛角麵包 Croissant	4 個	酸豆 Caper	少許
美乃滋 Mayonnaise	30 公克	波士頓生菜 Boston lettuce	少許
蘿拉羅莎生菜 Rolla rosa lettuce	少許	捲鬚生菜 Frisse	少許
煙燻鮭魚 Smoked salmon	8 片	迪戎芥末醬 Dijon mustared	30 公克
洋蔥絲 Onion julienne	少許		

{作法}

1. 牛角麵包切開口笑，塗抹美乃滋與迪戎芥末醬。
2. 將波士頓生菜、捲鬚生菜及蘿蔓蘿莎放入塗抹醬的牛角麵包中。
3. 煙燻鮭魚片捲成花狀，放入牛角麵包內。
4. 擺上些許洋蔥絲及 3 顆酸豆。

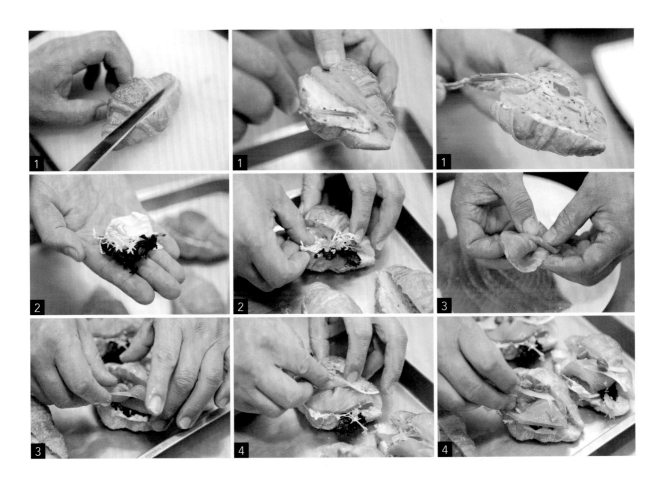

Smoked Salmon With Herbs
Cream Cheese Finger Sandwich
香料起司煙燻鮭魚手指三明治

｛材 料｝

燻鮭魚 Smoked salmon	6 片	蘿蔓生菜葉 Romaine lettuce	少許
美乃滋 Mayonnaise	20 公克	迪戎芥末醬 Dijon mustared	20 公克
全麥吐司 Brown bread toast	2 片		

｛作 法｝

1. 全麥吐司去邊，橫切薄片。
2. 將吐司切成薄片塗抹美乃滋與迪戎芥末醬，鋪上蘿蔓生菜葉，再塗抹一次醬。
3. 放上燻鮭魚片，以保鮮膜包覆捲起，放入冷藏約 10 分鐘，待涼。
4. 從冷藏取出後，斜刀切片。

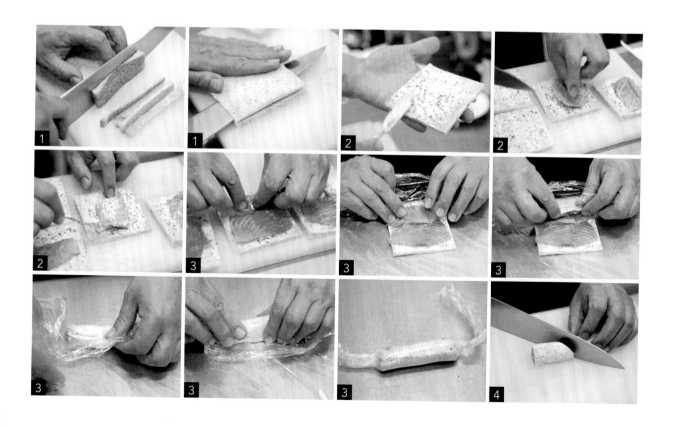

Shrimp And Avocado With Sour Crem

酪梨鮮蝦起司手指三明治

{材 料}

蝦子 Shrimp	5 尾		胡椒鹽 Salt& pepper	少許
酪梨 (丁)Avocado diced	80 公克		全麥吐司 Brown bread toast	5 片
酸奶 Sour cream	20 公克		美乃滋 Mayonnaise	15 公克
洋蔥 (碎)Onion chopped	適量		紅辣椒 (碎)Red chili chopped	少許
巴西里 (碎) Parsley chopped	適量			

{作 法}

1. 酪梨丁與煮熟的蝦子切丁；巴西里、紅辣椒與洋蔥盛盤，備用。
2. 容器中放入美乃滋、酸奶、巴西里、辣椒、洋蔥、蝦、酪梨與胡椒鹽全部拌勻。
3. 將拌勻的沙拉塗抹於全麥吐司上。
4. 覆上另一片吐司，輕壓後去邊，再切成條狀，放於盤中。

Nicoise Sandwich

法式尼斯輕食三明治

〔 材 料 〕

全麥吐司 Brown bread toast　　1 片
美乃滋 Mayonnaise　　20 公克
迪戎芥末醬 Dijon mustard　　20 公克
馬鈴薯 Potato　　30 公克
四季豆 Freash beans　　10 公克
番茄 (丁)Tomato diced　　10 公克
鯷魚 Anchovies　　1 片

黑橄欖 Black olives　　3 粒
水煮蛋 Boiled eggs　　1/2 顆
酸豆 Capers　　8 粒
蘿蔓生菜葉 Romaine lettuce　　2 片
胡椒鹽 Salt&pepper　　少許

〔 作 法 〕

1. 將汆燙後的四季豆、馬鈴薯，熟蛋剝殼後，與黑橄欖、鯷魚均切小丁。
2. 把作法 1 全部的食材與酸豆、蕃茄丁倒入容器中，加美乃滋與胡椒鹽拌勻，為三明治內餡。
3. 全麥吐司塗抹美乃滋與芥末醬，鋪上蘿蔓生菜葉，放上三明治內餡。
4. 取另片全麥吐司，鋪上蘿蔓生菜葉，覆蓋上作法 3，壓緊後去邊，切成長條狀。

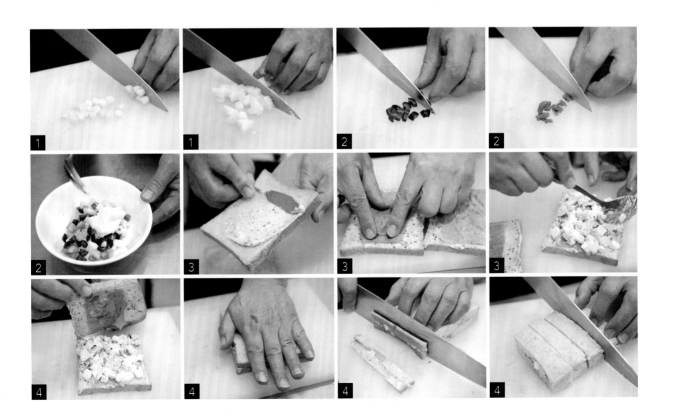

5

CHAPTER

特色開胃菜
SPECIAL APPETISERS

西餐中的第一道菜餚，由於味道清爽，有著酸味及鹹味等不同口味，因有開胃的效果而稱為開胃菜。開胃菜的份量通常不多，但在擺盤上的花樣款式卻非常繁複，充分地展現出視覺的美感。

Prosciutto Wrapped Melon
風乾火腿密瓜盤

{材 料}

風乾火腿 Prosciutto sliced	3 片		檸檬汁 Lemon juice	30cc	

風乾火腿 Prosciutto sliced　　3 片
風乾火腿為義大利帕瑪產區所製
哈密瓜 Honey dew melon　　3 片
綠捲鬚生菜 Frisse　　少許

檸檬汁 Lemon juice　　30cc
橄欖油 Olive oil　　50cc
黑胡椒粗粉 Black pepper crushed　少許

{作 法}

1. 哈密瓜剖半切周狀，去皮備用。
2. 盤中擺上哈密瓜，包裹上風乾火腿片。
3. 醬汁：黑胡椒粗粉、檸檬汁與橄欖油拌勻至乳化濃度。
4. 在擺有火腿密瓜盤的周圍鋪綠捲鬚生菜，淋上醬汁。

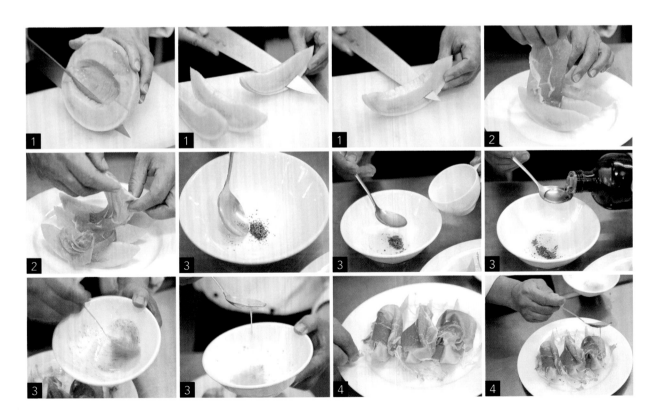

Seafood Jelly With Orange And Apple Chutney

海鮮吉利凍佐蘋果柳橙蜜醬

{ 材 料 }

魚高湯 Fish stock	300cc		雞高湯 Chicken stock	300cc
調味蔬菜湯 Vegetable stock	適量		淡菜 Mussels	60 公克
鱸魚 Seabass	60 公克		干貝 Scallops	60 公克
白葡萄酒 White wine	20cc		鮭魚 Salman	60 公克
白蘭地 Brandy	少許		小黃瓜 Baby cucumber	25 片
胡椒鹽 Sale&pepper	2 公克		茴香 Dill	10 公克
中卷 Squid	60 公克		蘋果柳橙蜜醬 Orange And Apple Chutney	
吉利丁 Gelatine	10 片		蘋果柳橙蜜醬製作，詳見 p23 頁	
蝦 Shrimps	60 公克			

{ 作 法 }

1. 小黃瓜切薄片，加少許鹽稍微汆燙後，以生飲水冰鎮，再用餐巾紙吸乾水分。

2. 吉利丁先用冰水泡軟。

3. 容器中倒入魚高湯、雞高湯，放入泡軟的吉利丁。

4. 撒些許胡椒鹽，煮開後，撈掉浮在表面的泡沫，倒進白蘭地。

5. 淡菜、鮭魚、干貝、中卷、鱸魚肉及蝦子切大丁。

6. 茴香取葉片，稍剁碎。

7. 將冰鎮過的小黃瓜排
   入模型盒中，一邊排
   時一邊用刀子將小黃
   瓜與模型盒緊貼。

8. 調味蔬菜湯加少許鹽及白葡萄酒，濾掉雜質後，
   汆燙切大丁的海鮮類。汆燙順序為：干貝、中卷、
   淡菜、蝦子、鱸魚、鮭魚。

9. 把加入吉利丁的魚
   高湯淋些許入模型
   盒中。

10. 在淋有魚高湯的模型盒中放入海鮮食材。依序為：
    模型底層放鮭魚、茴香、中卷及魚高湯，第二層
    放鱸魚、茴香及魚高湯，第三層放蝦子、茴香及
    魚高湯，第四層放干貝、淡菜、中卷，最後再倒
    進魚高湯。

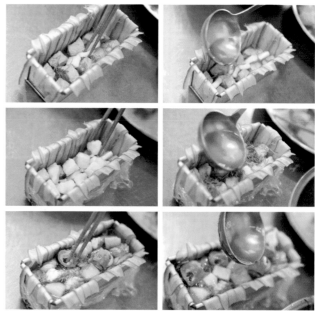

11. 完成後在最上層鋪上小黃瓜。

12. 取魚高湯作為黏著劑，塗抹於小黃瓜上，再把模型盒四周的小黃瓜摺入盒中並黏上。

13. 用保鮮膜包裹，冷藏 4 小時，即為海鮮吉利凍。

14. 取出冷藏後的海鮮吉利凍，脫模，切片後再去掉保鮮膜。（包裹著保鮮膜切，不易黏手）

15. 海鮮吉利凍切片後置於盤中，附上蘋果柳橙蜜醬。

 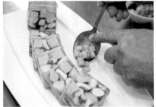

Vegetable stock

調味蔬菜湯

【材料】

生飲水 Water	1 公升
洋蔥 Onion	50 公克
胡蘿蔔 Carrot	30 公克
西芹 Celery	30 公克
月桂葉 Bay leaf	1 片

【做法】

1. 洋蔥、胡蘿蔔切片，西芹切段，與月桂葉備用。
2. 取一鍋，倒入生飲水放入全部材料。
3. 先開大火煮滾後，轉中小火，熬煮 30 分鐘，將蔬菜等食材撈掉，即為調味蔬菜湯。

Julius Caesar Carpaccio Of Beef Fillet
凱薩大帝生牛肉片冷盤

{材料}

新鮮菲力牛肉片 Beef fillet sliced	100 公克		綠捲鬚生菜 Frisee	適量
凱薩沙拉醬 Caesar dressing	60 公克		檸檬汁 Lemon juice	10cc
帕馬森起司片 Parmesan sliced	20 公克		橄欖油 Olive oil	20cc
洋菇片 Buttom mushrooms Sliced	15 公克		義大利老醋 Balsamico	20cc
羅勒 Basil	2 公克		胡椒鹽 Salt&pepper	2 公克

{作法}

1. 羅勒切絲。

2. 義大利油醋醬：檸檬汁、義大利老醋、
   胡椒鹽、橄欖油拌勻至濃稠。

3. 帕馬森起司切薄片。

4. 牛肉切薄片。

5. 將牛肉片放入盤中。

6. 淋上凱薩沙拉醬。

7. 擺上洋菇與羅勒絲。

8. 淋上義大利油醋醬，放上起司片及綠捲鬚生菜。

Caesar Dressing
凱薩沙拉醬

｛材料｝

雞蛋 Egg	2 顆
檸檬汁 Lemon juice	10cc
橄欖油 Olive oil	350cc
鯷魚 Anchovy	4 片
大蒜 Garlic	10 公克
帕馬森起司粉 Parmesan cheese	適量
胡椒鹽 Salt&pepper	適量
迪戎芥末醬 Dijon mustard	30 公克
辣椒汁 Tabasco	適量
辣醬油 Worcetershire sauce	適量

｛做法｝

1. 生蛋取蛋黃，加入檸檬汁、迪戎芥末醬、鯷魚碎、胡椒鹽、大蒜泥，打至膨脹。

2. 慢慢倒入橄欖油，不斷的攪拌至膨發。

3. 再滴入辣椒汁、辣椒油，撒入帕馬森起司粉，拌勻後即完成醬汁。

Shrimps And Avocado Timbale With Green Salsa
酪梨鮮蝦塔附庭園沙拉

{材料}

酪梨鮮蝦塔

鮮蝦 (小丁)Shrimps diced	50 公克	
酪梨 (小丁)Ayocado diced	50 公克	
洋蔥 (碎)Onion chopped	15 公克	
大蒜 (碎)Garlic chopped	3 公克	
紅辣椒 (碎)Red chili chopped	1 公克	
胡椒鹽 Sale&pepper	1 公克	
酸奶 Sour cream	10 公克	
美乃滋 Mayonnaise	10 公克	

紅生菜 Red chicory	10 公克
綠卷鬚 Frisse	2 公克
蘿蔓生菜 Romaine	5 公克
蘿拉羅莎生菜 Rolla rosa lettuce	3 公克
小蘿蔔櫻苗 Baby radish	少許
香菜 (碎) Coriander chopped	少許
巴西里 (碎) Parsley chopped	適量

藍莓醬 Blue berry sauce

二砂糖 Brown sugar	20 公克
白蘭地 Brandy	10cc
藍莓 Blueberry	150 公克
飲用水 Wate	60cc

{作法}

1. 將蝦、酪梨放入容器中，倒入酸奶、美乃滋、洋蔥、紅辣椒、大蒜、香菜、巴西里及胡椒鹽拌勻，為酪梨鮮蝦沙拉。

2. 以各種生菜作為基底，壓上模型圈，在圈中放入拌勻的酪梨鮮蝦沙拉，取出模型後，以生菜做裝飾。

3. 藍莓醬：把糖、白蘭地、藍莓與飲用水倒入鍋中，煮至濃縮成醬，冷卻備用。

4. 作法 2 裝飾完成後，淋上藍莓醬。

Duck Galatine With Walnut And Fig Chutney
鴨肉捲佐無花果核桃蜜醬

{材料}

鴨胸 Duck breast	200 公克	香菜 Coriander	5 公克
胡椒鹽 Salt&pepper	少許	紅辣椒 Chili	3 公克
番茄 Tomato	150 公克	巴西里 Parsley	3 公克
洋蔥 Onion	15 公克	白蘭地 Brandy	10cc
大蒜 Garlic	6 公克	無花果 Fig	30 公克
橄欖油 Olive oil	適量		

{作法}

1. 肢解鴨，去骨後取鴨胸肉，以蝴蝶刀法片開。

3. 將片開的鴨胸肉撒上胡椒鹽，倒入白蘭地，
   醃漬 10 分鐘後，塗抹上鴨胸肉慕斯。

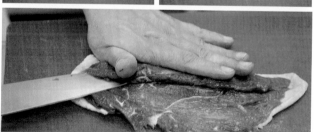

2. 片開後，剩餘的鴨胸肉以食物調理機打成泥，為
   鴨胸肉慕斯。

4. 番茄去皮切丁，洋蔥切丁；大蒜、巴西里、香菜、辣椒切碎。

5. 內餡：橄欖油入鍋與洋蔥拌炒，加入大蒜、番茄拌炒後，與巴西里、香菜、辣椒炒勻，撒入些許胡椒鹽。

6. 將塗抹上慕斯的鴨胸肉鋪上內餡，包捲起來後用保鮮膜包裹，蒸 10 分鐘，為鴨肉捲。

7. 取出蒸半熟的鴨肉捲，把湯汁稍微拭乾，撒上少許胡椒鹽、香菜及巴西里。

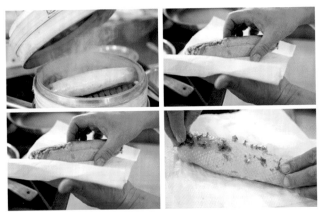

8. 平底鍋中倒入些許橄欖油，鴨肉捲下鍋煎至上色。

9. 無花果切半與無花果核桃蜜醬放入盤中，煎好的鴨肉捲切片後擺上。

Walnut And Fig Chutney
無花果核桃蜜醬

﹛材 料﹜

無花果 (塊)Fig diced	60 公克		核桃 Walnut	20 公克	
洋蔥 (碎)Onion chopped	20 公克		橄欖油 Olive oil	20 公克	
紅辣椒 Red chili	3 公克		雞高湯 Chicken stock	60 cc	
檸檬皮 Lemon zest	3 公克		楓糖漿 Maple syrup	20cc	
檸檬汁 Lemon juice	10cc				

﹛做 法﹜

1. 檸檬削皮，皮切成條狀；無花果切塊，與其他材料盛盤備用。

2. 鍋中倒入橄欖油，拌炒洋蔥碎，再炒辣椒碎與無花果。

3. 加入少許雞湯及楓糖漿，拌煮至濃稠。

4. 放入核桃、檸檬皮與檸檬汁拌煮均勻。

Crab Meat And Egg Pudding
With Cream Lemon Sauce
蟹肉蛋布丁佐奶油香檸醬汁

〔材料〕

蟹肉蛋布丁

蟹肉 Crabmeat	50 公克
白酒 Whitewine	10cc
檸檬皮 (碎) Lemon zest chopped	2 公克
鹽 Salt	2 公克
雞蛋 Egg	2 顆
雞高湯 Chicken stock	160cc
調味蔬菜湯 Vegetable stock	300cc
胡椒鹽 Salt& pepper	1 公克
橄欖油 Olive oil	50 公克
筊白筍 Watre bamboo	20 公克
捲鬚生菜 Frissee	適量
鮮奶油 Cream UHT	30cc

奶油香檸檬醬汁

鮮奶油 Cream UHT	50cc
檸檬汁 Lemon juice	8cc
雞高湯 Chicken stock	80cc
胡椒鹽 Salt&pepper	少許

〔作 法〕

1. 筊白筍切成火柴棒狀。調味蔬菜湯加少許鹽巴，汆燙蟹肉與筊白筍。

2. 修剪汆燙後的蟹肉，使其美觀；並將筊白筍泡於水中備用。

3. 將蛋拌打後與雞高湯、鮮奶油、白酒、胡椒鹽拌勻，過濾。

4. 過濾後的湯倒入模型盒中，以保鮮膜罩住（避免產生過多水氣），蒸 40 分鐘。

5. 奶油香檸檬醬汁：取雞高湯加熱後放入鮮奶油烹煮至濃縮，再倒入檸檬汁、胡椒鹽拌勻。

6. 汆燙好的蟹肉放入醬汁中拌勻。

7. 湯蒸熟後，放入冷藏至形成果凍狀，取出脫模，以刀子修整為長方形，即為蛋布丁。

8. 取一鍋，放入筊白筍拌炒，撒些許鹽。

9. 將炒後的筊白筍擺於盤中，鋪上生菜，放上蛋布丁，再擺上生菜與醬汁裡的蟹肉，盤旁邊淋上奶油香檸檬醬汁。

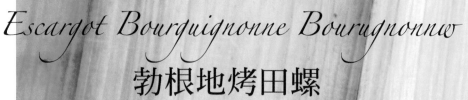

Escargot Bourguignonne Bourugnonnw

勃根地烤田螺

｛材料｝

烤田螺

奶油 Butter	15 公克
月桂葉 Bay leaf	1 片
迷迭香 Rosemary	少許
百里香 Thyme	少許
巴西里 Parsley	適量
田螺 Snail	12 顆
白蘭地 Brandy	10cc
紅酒 Red wine	30cc

胡椒鹽 Salt&pepper	少許
牛骨原汁 Gravy	80cc
紅蔥頭 (碎)Shallot chopped	20 公克
大蒜 (碎)Garlic chopped	10 公克

田螺奶油醬

奶油 Butter	450 公克
紅蔥頭 (碎)Shallot chopped	30 公克
大蒜 (碎)Garlic chopped	30 公克
九層塔 Basil	10 公克
巴西里 Parsley	10 公克

百里香 Thyme	5 公克
檸檬汁 Lemon Juice	20cc
白蘭地 Brandy	30cc
匈牙利紅椒粉 Paprika	少許
蛋黃 Egg yolk	1 顆

裝飾物

海鹽 Rock of salt	少許
綠捲鬚生菜 Frisse	少許

｛作法｝

1. 田螺奶油醬：拌打奶油至微發白，再加入蛋黃打至膨發。
2. 將紅蔥頭、大蒜、九層塔、巴西里、百里香與匈牙利紅椒粉倒入作法 1 中，再倒入白蘭地與檸檬汁攪拌均勻，放入袋中備用。
3. 鋪上錫箔紙，擠入田螺奶油醬，擠成圓條狀，再將錫箔紙捲上，捲時兩側需往內壓，兩側需扭轉，放入冷凍約 30 分鐘。
4. 炒田螺：奶油與紅蔥頭拌炒後，加入大蒜炒，再放入迷迭香、巴西里、月桂葉及百里香一起拌炒。
5. 放入田螺略炒後，倒入白蘭地與紅酒炒至酒味蒸發，收汁後放入少許胡椒鹽。
6. 取出冷凍後的奶油田螺醬，切片，備用。
7. 田螺拌炒完成後放入一顆顆田螺殼中，蓋上一片田螺奶油醬片，擺上烤盤，送入烤箱。
8. 盤中鋪上海鹽，擺上烤好的田螺與裝飾用的綠捲鬚生菜。

Pear Quail WithPort Wine Sauce
蜜洋梨鵪鶉佐波特酒醬汁

〔材料〕

鵪鶉

鵪鶉 Quail	1 隻
毛豆 Soy beans	15 公克
白酒 White wine	20cc
胡椒鹽 Salt&pepper	少許
鮮奶油 Cream UHT	20cc
蛋白 Egg white	20cc
菠菜 Spinach	2 葉

蜜洋梨

西洋梨 Pear	1 顆
鹽 Salt	少許
細砂糖 Sugar	30 公克
生飲水 Water	50cc
白蘭地 Brandy	少許

〔作法〕

1. 鵪鶉整隻剖半，取胸與腿，去腿骨，一腿一胸為一組，分為 A、B 組。

3. 切丁後加入蛋白、鮮奶油、白酒及胡椒鹽，以食物調理機打成慕斯狀，即為鵪鶉慕斯。

2. 將 A 組切丁，約 60 公克。

4. 毛豆仁去皮，泡水後擦乾水分，備用。

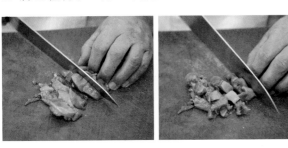

5. 毛豆仁與鵪鶉慕斯拌勻。

6. 把 B 組的鵪鶉胸肉從中間劃一刀，片開。

7. 波菜汆燙後拭乾水分，在葉面塗抹鵪鶉慕斯，
   修剪為方形。

8. 包入作法 5 後捲起，鋪上保鮮膜，冷凍 4 小
   時，待其變硬，為波菜鵪鶉捲。

9. 在 B 組片開的鵪鶉胸上塗抹一層鵪鶉慕斯，將
   波菜鵪鶉捲放入其中，再以慕斯作為黏著劑，
   用保鮮膜包裹固定。

10. 做一捲波菜鵪鶉捲，塞入 B 組已塗抹慕斯的鵪
    鶉腿中，包裹上保鮮膜。

11. 將 B 組的胸與腿放入蒸籠中，蒸 6 分鐘，約
    7 分熟。

12. 蒸後，除掉保鮮膜，撒上胡椒鹽，下鍋以橄欖油煎至外表上色。

13. 蜜洋梨：西洋梨去皮去籽，泡鹽水備用；將細砂糖煮至融化，加白蘭地與生飲水拌勻，放入西洋梨煮至軟化。

14. 將片開的蜜洋梨放於盤中，擺上切片的鵪鶉肉，淋上波特酒醬汁。

Port Wine Sauce
波特酒醬汁

｛材　料｝

奶油 Butter	10 公克	冰奶油 Ice butter	3 公克
波特酒 Port wine	60cc	胡椒鹽 Salt&pepper	少許
紅蔥頭 (碎) Shallots chopped	25 公克		
雞骨原汁 Chicken stock	250cc		

｛做　法｝

1. 奶油與紅蔥頭下鍋拌炒，倒入波特酒煮至濃縮，加入雞骨原汁拌煮至濃稠。

2. 過濾紅蔥頭，加進胡椒鹽及冰奶油拌至融化。加冰奶油時，需遠離爐火，一邊搖晃鍋子讓其融化。

Seafood Vo-Lau-Vent
海鮮酥盒

〔材 料〕

起酥皮 Puff pastry	30 公克	洋菇（丁）Mushroom diced	30 公克	白酒 White wine	30cc
蛋液 Egg	少許	干貝 Scallops	20 公克	巴西里（碎）Parsley chopped	少許
奶油 Butter	20 公克	蟹腿肉 Crab meat	20 公克	百里香 Thyme	少許
洋蔥（碎）Onion chopped	20 公克	小卷丁 Squid diced	15 公克	胡椒鹽 Salt&pepper	少許
大蒜（碎）Garlic chopped	10 公克	淡菜丁 Mussel diced	15 公克	鮮奶油 Cream UHT	20cc
蝦肉 Shrimps meat	30 公克	白醬汁 Béchamel sauce	60 公克		

〔作 法〕

1. 取 4 片起酥皮，以模型框壓成一片花邊橢圓狀與 3 片花邊橢圓邊。

2. 烤盤抹上些許奶油，使放上酥皮時不易沾黏。

3. 將蛋液刷在橢圓狀酥皮的外圍，作為黏著劑，黏上酥皮花邊，重複此動作 3 次。

4. 製作小的橢圓酥皮，刷上蛋液，作為酥皮盒最上層的蓋子。

5. 放入烤箱前刷上蛋液，以 180℃烘烤至膨發成金黃色。

6. 熱鍋後放入奶油融化，洋蔥碎、大蒜碎、洋菇丁及巴西里碎炒軟。

7. 加入蟹肉腿、干貝、小卷、淡菜與蝦肉拌炒。

8. 倒入白酒、巴西里碎及白醬汁與鮮奶油，拌煮至濃稠，灑些許胡椒鹽。

9. 烘烤完成的起酥盒放於盤中，將炒好的海鮮餡料填入酥盒內，蓋上酥盒蓋，盤邊擺上百里香。

Tips: 酥盒可先做好，室溫冷卻後放入容器中保存，待餡料炒好，再將其取出，盛裝餡料即可。

Soft Shall Crab With Tomato salsa
軟殼蟹佐番茄莎莎

{材料}

軟殼蟹

軟殼蟹 Soft shall crab	3 隻	
胡椒鹽 Salt&pepper	少許	
低筋麵粉 Flour	50 公克	

番茄莎莎

番茄 (丁)Tomato diced	150 公克	
胡椒鹽 Salt&pepper	少許	
洋蔥 (丁)Onion diced	15 公克	

大蒜 (碎)Garlic chopped	6 公克	
香菜 (碎)Coriander chopped	10 公克	
紅辣椒 (碎)Red chili chopped	8 公克	
巴西里 (碎)Parsley chopped	3 公克	
黑胡椒粗粉 Black pepper crushed	3 公克	
檸檬汁 Lemon juice	20cc	
橄欖油 Olive oil	20cc	
辣椒水 Tabasco	少許	
檸檬皮（碎）Lemon zest	少許	

{作法}

1. 軟殼蟹水分拭乾後，撒上胡椒鹽。
2. 將軟殼蟹撒上適量的低筋麵粉，下油鍋炸，以 180℃油炸至金黃色，備用。
3. 番茄莎莎醬：洋蔥、番茄、檸檬皮、大蒜、香菜、辣椒、巴西里、辣椒水、胡椒鹽、黑胡椒粗粉、橄欖油與檸檬汁拌勻，靜置 20 分鐘。
4. 以生菜擺盤，放上軟殼蟹，淋上番茄莎莎醬。

6
CHAPTER

精選湯品
SELECTION SOUPS

在西餐中，湯品為第二道上菜的佳餚，這與中餐的上菜順序是有
所不同的。西餐的湯品大致上可分為清湯、濃湯、蔬菜湯和冷湯，
每款湯品各具風味及特色。

Boston Seafood chowder
波士頓海鮮巧達湯

{ 材 料 }

培根 Bacon	50 公克	巴西里 (碎)Parsley chopped	少許	蛤蠣 Clam	3 顆
洋蔥 Onion	120 公克	百里香 Thyme	少許	白蝦 Shrimp	15 公克
西芹 Celery	100 公克	月桂葉 Bay leaf	1 片	中卷 Squid	15 公克
胡蘿蔔 Carrot	100 公克	堅果麵包 Rye bread	3 片	淡菜 mussels	15 公克
馬鈴薯 Potato	150 公克	鹽 Salt	少許	雞高湯 Chicken stock	250cc
大蒜 (碎)Garlic chopped	2 公克	鱸魚肉 Seabass meat	15 公克		

Basic white veloute
基本白麵醬湯

【 材 料 】

奶油 Butter	60 公克
高筋麵粉 Bread flour	80 公克
雞高湯 Chicken stock	600cc
魚高湯 Fish stock	600cc

【 作 法 】

1. 熱鍋將奶油融化，加入高筋麵粉炒香拌勻，拌炒時溫度不需過高。

2. 麵粉炒變白後，倒入魚高湯、雞高湯，先離火拌勻，再以小火煮至濃稠度適中，過篩後即完成。

Tips: 基本白麵醬湯可用於海鮮類的白濃湯，或各種白醬的基底。

【 作 法 】

1. 將鍋中的水煮滾後加些許鹽巴，汆燙魴魚、蛤蠣、白蝦、中卷及淡菜。

2. 洋蔥、馬鈴薯、西芹及胡蘿蔔切丁，馬鈴薯需泡水，培根及大蒜切碎，月桂葉及百里香，備用。

3. 拌炒培根後，加入洋蔥、西芹、胡蘿蔔、馬鈴薯、奶油、百里香、月桂葉、大蒜，再以雞高湯煮至軟化，備用。

4. 堅果麵包切薄片後微烤至脆。

5. 把作法 3 加入基本白麵醬湯裡，再放進汆燙過的海鮮料，拌煮。

6. 撈起海鮮料放於碗中，盛入濃湯，碗邊放上烤過的堅果麵包，撒上巴西里碎。

Puree Of Carrot Soup

紅蘿蔔濃湯

〔材料〕

培根 Bacon	30 公克		月桂葉 Bay leaf	2 片		煙燻鴨胸 Smoked duck breast	少許	
洋蔥 Onion	100 公克		百里香 Thyme	少許		炒香麵包丁 Fired bread	少許	
西芹 Celery	80 公克		雞高湯 Chicken stock	1100cc		基本白麵醬湯 Basic white veloute	300cc	
蒜苗 Leek	60 公克		鮮奶油 Cream HUT	80cc		基本白麵醬湯製作詳見 p.99 頁		
奶油 Butter	50 公克		香菜 Coriander	1 葉				
紅蘿蔔 Carrot	600 公克		胡椒鹽 Salt & pepper	少許				

〔作法〕

1. 培根切碎，洋蔥、西芹、蒜苗切片，紅蘿蔔削皮切薄片。
2. 培根先爆香，加入 15 公克奶油，放進洋蔥、月桂葉、百里香拌炒至散發香味，再放入西芹、蒜苗拌炒，最後加入紅蘿蔔炒。
3. 炒好後倒入 800cc 雞高湯，約煮 30 分鐘，煮開。
4. 吐司切丁，待熱鍋放入奶油後，以中小火炒至金黃色，放在餐巾紙上吸油。
5. 作法 3 煮開後用果汁機打成泥，過篩，為紅蘿蔔泥，備用。（果汁機攪打時，先以瞬間攪打，後再持續攪打。）
6. 紅蘿蔔泥以小火煮開，撈除泡沫。將 300cc 的雞高湯及基本白麵醬湯，倒入紅蘿蔔泥加鮮奶油，以小火稍煮 20 分鐘，使味道綜合，再撒胡椒鹽調味，為紅蘿蔔濃湯。
7. 煙燻鴨肉切片，熱鍋微煎至香。
8. 紅蘿蔔濃湯盛入碗中，擺上煎好的鴨胸肉及麵包丁，以鮮奶油及香菜作為裝飾。

Chicken consommé with shitake dumpling

菌菇丸子雞清湯

｛材 料｝

雞胸肉 Chicken breast	120 公克	鮮香菇 Shitake mushroom	120 公克
蛋白 Egg white	30 公克	橄欖油 Olive oil	少許
白酒 White wine	20cc	雞清湯 Chicken consommé	200cc
胡椒鹽 Salt& pepper	少許	蘆筍尖 Asparagus tips	3 個
鮮奶油 Cream UHT	60cc	白蘭地 Brandy	少許

｛作 法｝

1. 雞胸肉切丁。
2. 雞胸肉丁、蛋白、胡椒鹽及鮮奶油放入食物調理機中，稍微拌打後再倒入白酒，打成泥狀以細網過篩，為雞胸肉泥。
3. 香菇切小丁放進平底鍋炒，使其水分蒸發，再倒入少許橄欖油炒至金黃色與香味。(炒香菇時，需使用乾鍋。)
4. 將雞胸肉泥與炒好的香菇拌勻，以湯匙塑形為菌菇丸子，汆燙。
5. 雞高湯撒入少許胡椒鹽，菌菇丸子放入其中，煮至熟，丸子浮上表面即可撈起。
6. 蘆筍尖汆燙備用。
7. 雞清湯與煮熟的菌菇丸子及蘆筍尖放入鍋中煮熟，待熄火後加入少許白蘭地和胡椒鹽，盛於碗中。

Tips: 雞清湯作法：先將雞肉碎 (800 公克)、調味蔬菜的材料、蛋白與鹽拌勻後，倒入冷的雞高湯 (3 公升)
中，以小火滾煮 2 ～ 3 小時，過濾後，撈起浮油渣即完成。

Cream Of Wild Mushroom Soup
野菇奶油濃湯

｛材 料｝

洋菇 Button mushrooms	150 公克	
生香菇 Black mushrooms	150 公克	
鮑魚菇 Abalone mushrooms	150 公克	
金針菇公克 Glden mushrooms	150 公克	
乾香菇 Dry mushrooms	30 公克	
洋蔥 Onion	50 公克	
巴西里（碎）Parsley chopped	少許	
橄欖油 Olive oil	少許	

白酒 White wine	30cc
西洋芹 Celery	60 公克
蒜苗 Leek white	50 公克
馬鈴薯 Potato	200 公克
百里香 Thyme	少許
月桂葉 Bay leave	2 片
雞高湯 Chicken stock	1 公升
胡椒鹽 Salt& pepper	少許

培根 Bacon	50 公克
鹽 Salt	少許
奶油 Butter	20 公克
基本白麵醬湯	
Basic white veloute	500cc
基本白麵醬湯製作詳見 p.99 頁	

｛作 法｝

1. 乾香菇洗淨後以熱水泡軟，切絲備用。
2. 鮑魚菇、生香菇、洋菇、金針菇、馬鈴薯、洋蔥、西洋芹洗淨切片。
3. 先將培根炒香，加入奶油遇熱融化後，放進洋蔥、百里香、月桂葉、蒜苗及西洋芹炒軟。
4. 將全部菇類 2/3 量炒軟，倒入雞高湯、白酒、馬鈴薯與浸泡乾香菇的水煮約 30 分鐘，再放入少許鹽提香味。
5. 菇類剩餘 1/3 量放鍋中，炒至水分蒸發，倒入橄欖油拌炒至金黃色，瀝油備用。（鮑魚菇較厚，先下鍋炒。）
6. 以果汁機將作法 4 打成泥，加入基本白麵醬湯以小火煮開，再倒入鮮奶油煮開，最後撒胡椒鹽調味，即野菇奶油濃湯。
7. 將野菇奶油濃湯盛入碗中，放上炒好的菇類及少許的巴西里碎。

Seafood Of Pumpkin Soup
海鮮南瓜濃湯

{材料}

培根(碎)Bacon chopped	30 公克	百里香 Thyme	少許	奶油 Butter	15 公克
南瓜 Pumpkin	600 公克	胡椒鹽 Salt & pepper	少許	洋蔥 Onion	50 公克
雞高湯 Chicken stock	600cc	鮮蝦 Shrimp	2 尾	西芹 Celery	30 公克
魚高湯 Fish stock	600 cc	中卷 Squid	3 圈	麵包丁 Bread diced	少許
馬鈴薯 Potato	200 公克	蛤蠣 Clam	2 粒		
鮮奶油 Cream UHT	100 cc	淡菜 Mussels	2 個		

{作法}

1. 南瓜削皮去籽,切大丁。馬鈴薯去皮切片。

2. 洋蔥、西芹分別切片備用。

3. 取一炒鍋,加熱放入培根炒香,再加入奶油、洋蔥、西芹,炒軟後,雞高湯與魚高湯,再放進南瓜與馬鈴薯煮爛,約 30 分鐘。

4. 麵包丁炒香,瀝油備用。(也可放入奶油一起拌炒至金黃色)

5. 將煮爛的蔬果和南瓜與馬鈴薯以果汁機攪拌成泥後過篩,再以小火煮開,撈掉泡沫,放入些許胡椒鹽及鮮奶油,為南瓜濃湯。(過篩可使南瓜泥更加綿密;撈掉泡沫品嘗起來較滑口、色澤較美。)

6. 先將鮮蝦、中卷、淡菜、蛤蠣以滾水加鹽汆燙,備用。

7. 汆燙後的海鮮放入碗中,盛入南瓜濃湯,擺上吐司丁與百里香。

Tips: 若南瓜濃湯色澤不夠,可添加鬱金香粉,增加色澤。

Puree Of Eggplant Soup
茄子濃湯

{材料}

茄子 Eggplant	500 公克	洋蔥 Onion sliced	50 公克	奶油 Butter	15 公克
鮑魚菇 Abalone mushroom	100 公克	雞高湯 Chicken stock	700cc	百里香 Thyme	少許
西芹（片）Celery sliced	30 公克	胡椒鹽 Salt& pepper	少許	大蒜 Garlic	1 粒
巴西里 (碎)Parsley chopped	適量	培根 Bacon	30 公克		
鮮奶油 Cream UHT	60cc	月桂葉 Bay leaf	1 片		
九層塔 (碎)Basil chopped	少許	堅果麵包 Rye Bread	2 片		

{作法}

1. 茄子削皮，切塊。培根切小條備用。
2. 取部分培根炒香上色，取出培根後去油脂備用。
3. 熱鍋，下培根及洋蔥炒軟，放入西芹、百里香、鮑魚菇及月桂葉炒。再放進茄子拌炒，放上九層塔。
4. 拌炒後倒入雞高湯，約煮 20 ～ 30 分鐘，完成後以果汁機打成泥，過篩，為茄子泥。
5. 茄子泥以小火煮開，撈掉泡沫，加入胡椒鹽與鮮奶油拌勻，為茄子濃湯。
6. 堅果麵包切片，抹上大蒜，放入平底鍋中煎至金黃。
7. 將茄子濃湯盛入碗中，放上炒過的培根，撒巴西里，搭配堅果麵包。

Puree Of Soybean Soup
毛豆濃湯

｛材 料｝

培根（碎）Bacon chopped 30 公克	奶油 Butter 20 公克	鮮奶油 Cream UHT 800cc
洋蔥（片）Onion sliced 50 公克	毛豆 Soybean 500 公克	胡椒鹽 Salt & pepper 少許
西芹（碎）Celery chopped 50 公克	橄欖油 Olive oil 10cc	杏鮑菇 King oyster mushroom 少許
巴西里（碎）Parsley chopped 少許	雞高湯 Chicken soup 1.2 公升	
蒜苗 Leek white 30 公克	馬鈴薯 Potato 200 公克	

｛作 法｝

1. 熱鍋後先放入培根先爆香。
2. 培根爆香後，加入奶油、洋蔥、蒜苗及西芹拌炒，放入毛豆炒。
3. 倒入雞高湯與切片的馬鈴薯，煮至馬鈴薯爛。
4. 杏鮑菇切條，乾煎至出水，再倒入橄欖油煎至金黃，瀝油後撒上巴西里。
5. 作法 3 完成後，以果汁機打成泥，過篩，為毛豆泥。
6. 毛豆泥以小火煮開，撈掉泡沫後加入鮮奶油及胡椒鹽，為毛豆濃湯。
7. 將毛豆濃湯盛入碗中，放上煎熟的杏鮑菇。

Cream Of Cucumber Soup

奶油黃瓜濃湯

｛材 料｝

奶油 Butter	30 公克	大黃瓜 Cucumber	500 公克	鮮奶油 Cream UHT	80 cc
培根 Bacon	30 公克	月桂葉 Bay leave	2 片	胡椒鹽 Salt& pepper	少許
洋蔥 Onion	20 公克	百里香 Thyme	少許	迷迭香 Rosemary	少許
西芹 Celery	30 公克	巴西里 (碎)Parsley chopped	少許	杏鮑菇 King oyster mashroom	20 公克
大蒜 Garlic	20 公克	雞高湯 Chicken stock	600cc	基本白麵醬湯 Basic white veloute	200cc

基本白麵醬湯製作詳見 p.99 頁

｛作 法｝

1. 黃瓜削皮去籽，切片，西芹切片，培根切碎，洋蔥與大蒜切片。
2. 培根爆香後，放入奶油與洋蔥、大蒜一起炒。
3. 加入西芹、月桂葉、百里香一起拌炒。
4. 拌炒完成後，倒入雞高湯及黃瓜，煮 30 分鐘，煮至爛。
5. 把煮爛的黃瓜打成泥，過篩，為黃瓜泥。
6. 取基本白麵醬湯加入黃瓜泥中，採 2(黃瓜泥)：1(基本白麵醬湯) 的比例，煮 10 分鐘。
7. 煮滾後，撈起泡沫，加入鮮奶油和胡椒鹽，為黃瓜濃湯。
8. 杏鮑菇切塊以鐵叉串起，撒上胡椒鹽，淋上橄欖油，撒些許的迷迭香與巴西里碎，烤至微焦。
9. 黃瓜濃湯盛入碗中，搭配烤杏鮑菇串。

CHAPTER 7

各式沙拉
ASSORTED SALAD

沙拉在西餐中也算是一道配菜，主要是將多種食材做一混合涼
拌，包含蔬菜、肉類、海鮮等，再佐以不同的醬汁，即可成為一
道西餐中極受歡迎的料理。

Garden salad
庭園式生菜沙拉

﹛材 料﹜

蘿蔓生菜 Romaine lettuce20 公克
結球萵苣 Ice berg lettuce20 公克
捲鬚生菜 Frisse 少許
紅生菜 Red chicory20 公克

波士頓生菜 Boston lettuce　　20 公克
小蘿蔔櫻苗 Baby Radish　　少許
蘿拉羅莎生菜 Rolla rosa lettuce 少許

﹛作 法﹜

1. 把所有生菜剝成相同大小，用冰生飲水浸泡 30 分鐘，瀝乾備用。
2. 將瀝乾後的生菜置於碗中，擺上小蘿蔔櫻苗。
3. 附上藍莓醬。藍莓醬作法詳見 p81 頁，作法 3。

綠蘿蔔櫻苗

紅蘿蔔櫻苗

〈 材 料 〉

哈密瓜 Honey dew melon	20 公克	
蘿蔓生菜 Romaine lettuce	10 公克	
黃甜椒 Yellow bell pepper	10 公克	
紅甜椒 Red bell pepper	10 公克	
綠捲鬚生菜 Frisse	10 公克	

紅生菜 Red chicory	10 公克
奇異果 Kiwi-fruit	20 公克
義大利油醋醬 Italian fusilli salad	50 公克
巴西里（碎）Parsley chopped	適量

〈 作 法 〉

1. 把所有生菜剝成相同大小，用冰生飲水浸泡 30 分鐘，瀝乾備用。
2. 蘿蔓生菜與紅生菜修剪成圓形。
3. 哈密瓜去皮、黃椒、紅椒及奇異果去皮切塊備用。
4. 將作法 2 與作法 3 的蔬果串起。
5. 義大利油醋醬汁撒上些許巴西里碎倒入杯裡。（義大利油醋醬材料與作法詳見 p. 75 頁，作法 2）
6. 將蔬果串入杯中淋上義大利油醋醬汁的杯中。

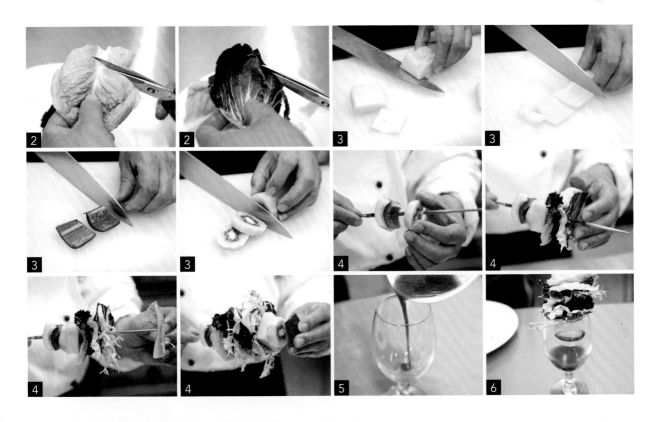

Octopus Salad
章魚沙拉

{材 料}

章魚沙拉

小章魚 Baby octopus	300 公克
牛番茄 Beef tomato	1 顆
西芹 Celery	80 公克
黑橄欖 Black olive	5 粒
洋蔥 Onion	50 公克
黃椒 Yellow pepper	1 顆
紅椒 Red pepper	1 顆
胡椒鹽 Salt& pepper	少許

油醋芥末醬

橄欖油 Olive oil	100cc
白酒醋 White wine vinegar	80cc
迪戎芥末醬 Dijon mustard	15 公克
九層塔 Basil	少許
大蒜 Garlic	1 粒
胡椒鹽 Salt& pepper	少許
巴西里 Parsley	少許
檸檬汁 Lemon juice	少許

{作 法}

1. 西芹切小丁，滾水中放入少許鹽巴汆燙後，用冰生飲水冰鎮。
2. 滾水中加入西芹與洋蔥，稍微汆燙小章魚，去除腥味。
3. 紅椒、黃椒、洋蔥、黑橄欖、牛番茄切小丁；大蒜與巴西里切碎，備用。
4. 油醋芥末醬：容器中放入迪戎芥末醬、白酒醋、大蒜、胡椒鹽拌勻後，慢慢加入橄欖油攪拌，再倒入少許檸檬汁。
5. 將作法 3、4 與汆燙後的小章魚倒入醬汁中，拌勻。
6. 盤中以生菜鋪底，盛入作法 5 拌勻的章魚沙拉。

Tomato Cheese Plate
番茄起司盤

{材料}

番茄起司

牛番茄 Beef tomato	1 顆
摩扎瑞拉起司 Mozzarella	6 片
九層塔 Basil	2 片
蘿蔓生菜 Romaine lettuce	20 公克
紅生菜 Red chicory	10 公克
捲鬚生菜 Frisse	5 公克

檸檬油醋汁

檸檬汁 Lemon juice	30 cc
白酒醋 White wine vinegar	20 cc
胡椒鹽 Salt & pepper	適量
黑胡椒粗粒 Black pepper	適量
橄欖油 Olive oil	70cc
巴西里 (碎)Parsley chopped	適量

{作法}

1. 將生菜類切絲，取冰生飲水泡 20 分鐘，以餐巾紙瀝乾。
2. 番茄去皮後，剖半切片。
3. 摩扎瑞拉起司切片，每片約 0.5 公分厚。
4. 檸檬油醋汁：容器中撒胡椒鹽、黑胡椒粗粒、白酒醋、檸檬汁、橄欖油及巴西里碎，拌勻。
5. 九層塔切絲。
6. 盤中先以生菜絲擺盤，放上番茄與摩扎瑞拉起司，在擺上九層塔絲與卷鬚生菜，淋上檸檬油醋汁。

Egg Plant& Tomato Fennel Seed Flavor Salad

番茄茄子茴香風味沙拉

｛ 材 料 ｝

牛番茄 Beef tomato	200 公克		胡椒鹽 Salt & pepper	少許
茄子 Egg plant	3 片		橄欖油 Olive oil	30cc
大蒜 Garlic	10 公克		香菜 Coriander	少許
茴香子 Fennel seed	少許		整粒番茄（罐頭）Whole tomato can	100 公克
九層塔 Basil	少許		雞高湯 Chicken stock	100cc
巴西里 Parsley	少許			

｛ 作 法 ｝

1. 番茄去皮，剖半後再切片。
2. 在番茄罐頭中取出整粒的番茄，切碎；大蒜與九層塔切碎。
3. 茴香子稍微用刀剁碎，使其顯味。
4. 茄子切段約 5 ～ 6 公分，再切半，撒上胡椒鹽，沾裏少許麵粉。
5. 熱鍋後倒入橄欖油，放進沾裏麵粉的茄子，煎至金黃色，備用。
6. 番茄撒少許胡椒鹽，下鍋煎至金黃，增加香味。
7. 鍋中放入大蒜、茴香子、作法 2 切碎的番茄、雞高湯、些許胡椒鹽、九層塔及茄子，一同下去燴。
8. 盤中先擺上番茄，再放上茄子，淋上作法 7 燴完的醬汁。

Assorted Seafood Salad
義式海鮮沙拉（溫製沙拉）

﹛材　料﹜

淡菜 Mussels	3 個	檸檬汁 Lemon juice	20cc	羅莎生菜 Rolla rosa	少許
小章魚 Baby octopus	3 隻	橄欖油 olive oil	60cc	蘿蔓生菜 Romaine lettuce	少許
中卷 Squid	3 圈	白酒醋 White wine vinger	20cc	波士頓生菜 Boston lettuce	少許
草蝦 Shrimps	6 尾	胡椒鹽 Salt& pepper	少許	黑胡椒粗粒 Black pepper	少許
干貝 Scallops	4 個	綠卷鬚 Frisee	少許	調味蔬菜湯 Vegrtable stock	500cc
巴西里（碎）Parsley	少許	紅生菜 Radicchio	少許	調味蔬菜湯製作，詳見 p.73 頁	

﹛作　法﹜

1. 醬汁：黑胡椒粗粒、胡椒鹽、檸檬汁、白酒醋、巴西里與橄欖油拌勻。
2. 小章魚取頭部，中卷切圈狀。
3. 淡菜將內部硬塊取出。
4. 干貝側切剖半，草蝦去殼去腸泥。
5. 將調味蔬菜湯中加入白酒，再把海鮮料放入鍋中汆燙。
6. 汆燙好的海鮮加入醬汁中略拌勻。
7. 取適量的生菜擺置盤中，放入拌有醬汁的海鮮，再淋上醬汁。

French Beans & Sausage Salad
德式香腸四季豆沙拉（溫製沙拉）

{ 材 料 }

法蘭克福香腸 Frankfurter sausage	3 條	鹽 Salt	少許	百里香 Thyme	少許	
洋蔥 (丁)Onion dilced	30 公克	紅辣椒 Red chili	少許	迪戎芥末醬 Dijon mustared	8 公克	
洋菇 Button mushroom	50 公克	吉康生菜 Endive lettuce	4 片	橄欖油 Olive oil	100cc	
四季豆 French beans	100 公克			巴西里 parsley	少許	
黃椒 Yellow bell pepper	30 公克	**醬汁**		黑胡椒粗粒 Black pepper	少許	
沙拉油 Salad oil	20cc	白酒醋 White wine vinger	80cc	檸檬汁 Lemon juice	10cc	
		胡椒鹽 Salt& pepper	少許			

{ 作 法 }

1. 吉康菜切絲，泡冰生飲水保持脆度。
2. 洋菇去蒂頭，切片，一片約 0.3 公分。
3. 辣椒去籽切絲，泡冰生飲水備用。
4. 四季豆汆燙後切小段。
5. 洋蔥、香腸與黃椒均切小段。
6. 醬汁：將黑胡椒粗粒、胡椒鹽、白酒醋、檸檬汁、迪戎芥末醬、迷迭香、百里香與橄欖油拌勻。
7. 熱鍋煎香腸。
8. 香腸煎熟後放入醬汁中拌，再加入洋菇、四季豆，即香腸四季豆沙拉。
9. 將香腸四季豆沙拉倒入碗中，插上吉康菜，擺上吉康菜絲、辣椒絲與捲鬚菜。

Tips: 吉康生菜又名比利時生菜 "Endive Lettuce"。

129

Greek Salad WithHerb Dressing
希臘沙拉佐香草油醋汁

｛材料｝

蘿蔓生菜 Romaine lettuce	適量	**香草油醋醬汁**		白酒醋 White wine vinegar	10cc
蘿拉羅莎生菜 Rolla rosa lettuce	適量	大蒜 Garlic	1 公克	橄欖油 virgin olive oil	50cc
紅生菜 Red chicory	適量	胡椒鹽 Salt& pepper	少許	檸檬汁 Lemon juice	20cc
小黃瓜 Baby cucumber	100 公克	黑胡椒粗粒 Black pepper	少許		
紅椒 Red bell pepper	25 公克	酸豆 Caper	5 公克	**裝飾**	
黃椒 Yellow bell pepper	25 公克	九層塔 Basil	少許	風乾火腿 Prosciutto	6 片
羊奶乳酪 Feta cheese	60 公克	巴西里 Parsley	少許		
黑橄欖 Black olive	5 粒	迷迭香 Rosemary	少許		
牛番茄 Beef tomato	100 公克	百里香 Thyme	少許		

｛作法｝

1. 紅椒、黃椒、小黃瓜、黑橄欖與番茄切小丁。
2. 將作法 1 切好的蔬菜小丁與羊奶乾酪全倒入容器中。
3. 大蒜、迷迭香、九層塔、巴西里、百里香、酸豆分別切碎，備用。
4. 取一鋼盆，倒入作法 3 切碎的材料與檸檬汁、白酒醋，拌勻即為香草油醋汁。
5. 把醬汁與作法 2 的材料拌勻，為沙拉。
6. 熱鍋倒油，炸風乾火腿片，炸至微金黃色後撈起，瀝油。
7. 盤中擺上生菜，盛入沙拉，放上炸火腿片。

Smoked Salmon And Endive Salad
煙燻鮭魚吉康菜沙拉

｛材 料｝

吉康生菜 Endive lettuce	1 顆	**醬汁**			**裝飾物**		
煙燻鮭魚 Smoked salmon	100 公克	美乃滋 Mayonnaise	30 公克		綠捲鬚生菜 Frisee	少許	
蘑菇 Button mushrooms	50 公克	酸奶 Sour cream	20 公克		蘿拉羅莎 Rolla rosa lettuce	少許	
酸豆 Capers	2 大匙	胡椒鹽 Salt and pepper	適量		吉康生菜 Endive Lettuce	2 葉	
洋蔥 Onion	50 公克	檸檬汁 Lemon juice	20cc				

｛作 法｝

1. 洋蔥切絲、鮭魚切片、吉康菜切段(裝飾用的不需切段)。
2. 洋菇汆燙後切片,沖冰生飲水。
3. 醬汁:酸奶、美乃滋、胡椒鹽與檸檬汁拌勻。
4. 將洋蔥、吉康菜及洋菇拌入醬汁中,拌勻後再放入鮭魚輕拌均勻,為煙燻鮭魚吉康菜沙拉。
5. 把煙燻鮭魚吉康菜沙拉盛入盤中,放上吉康菜、蘿拉羅莎生菜、綠捲鬚菜與切絲的吉康菜。

Stuffed egg Russian salad
俄羅斯蔬菜鑲蛋沙拉

〔材料〕

蛋 Egg	3 顆	西芹 Celery	20 公克
洋芋 Potato	1 顆	酸黃瓜 Pickle cucumber	20 公克
甜豆仁 Green peas	30 公克	美乃滋 Mayonnaise	50 公克
紅蘿蔔 Carrot	30 公克	胡椒鹽 Salt& pepper	少許
蝦子 Shrimp	6 尾	巴西里 Parsley	少許
洋蔥 Onion	20 公克	紅椒粉 paprika	少許

〔作法〕

1. 將蛋煮熟（約 12 分鐘），冷卻去殼，切對半把蛋黃與蛋白分開，蛋白成一個蛋白盅，蛋黃切碎，備用。
2. 把煮熟切丁的洋芋放入搗碎的蛋黃中，為蛋黃洋芋。
3. 洋蔥、西芹、酸黃瓜、巴西里切碎，備用。
4. 紅蘿蔔切丁後煮熟，冷卻備用。
5. 甜豆仁以滾水汆燙殺青後，帶冷卻去豆莢取豆仁。
6. 把冷卻後的紅蘿蔔與作法 3 切碎的食材，紅椒粉倒入蛋黃洋芋中。
7. 再加入甜豆仁，拌入美乃滋與胡椒鹽，為蔬菜蛋沙拉。
8. 蝦子煮熟冷卻後，去蝦殼，從蝦背中間切割為蝴蝶形狀。
9. 取蛋白盅，填入蔬菜蛋沙拉，至於盤中，擺上蝦子與生菜。

8

CHAPTER

義大利麵食燉飯
PASTA AND RISOTTO

「義大利麵食」也可稱為西洋麵食，其是由小麥品種中質的最硬的「杜蘭小麥」所製成。義大利麵不僅造型多變，連調味的醬汁也千變萬化。

而「義大利燉飯」，則是一道用高湯把米粒、食材、醬汁燉煮成有著濃郁口感的義大利經典料理。

Baked Seafood & Chicken Rissotto
西班牙烤海鮮飯

{材料}

義大利米 Rissotto	30 公克	
橄欖油 Olive oil	20cc	
洋蔥 (碎)Onion chopped	50 公克	
大蒜 (碎)Garlic chopped	20 公克	
白酒 White wine	35cc	
雞高湯 Chicken stock	320cc	
番紅花 Saffron	少許	

中卷 Sguid	50 公克	
鮮蝦 Shrimps	6 尾	
淡菜 Mussel	2 個	
干貝 Scallops		
九層塔 Basil	少許	
巴西里 Parsley	少許	
雞肉 Chicken meat	100 公克	

帕馬森起司 Parmesan cheese 30 公克
胡椒鹽 Salt & pepper　　　少許

裝飾物
野苣 (山蘿蔔)Chervil　　　少許

{作法}

1. 鮮蝦去殼，開背去腸泥，切成 3 段。
2. 中捲切圈狀，干貝切塊，與鮮蝦、淡菜備用。
3. 九層塔、巴西里切碎與洋蔥、大蒜、雞肉塊、帕馬森起司絲備用。
4. 番紅花加入白酒煮開，讓其較易顯色，味道更好。
5. 熱鍋後倒入橄欖油，先將洋蔥炒軟，再炒大蒜，加入雞肉拌炒至 7 分熟，上色取出。
6. 取出雞肉後，鍋中倒入海鮮類 (中卷、鮮蝦、淡菜、干貝) 與白酒，炒至 5 分熟再取出。
7. 洗淨義大利米後，將米下鍋炒，加入雞高湯煮至濃稠。
8. 倒入泡過白酒的番紅花，待米煮至膨脹，撒下些許鹽。
9. 當米煮至 7 分熟時，放入炒好的雞肉與海鮮類一起拌炒均勻。
10. 盛碗後加進帕馬森起司絲與九層塔、巴西里。
11. 撒起司粉，入烤箱以 180°C 烤 10 分鐘，讓其上色。
12. 取出後即完成。

Spaghetti With Vongole
白酒蛤蜊麵

｛材　料｝

洋蔥油 Onion oil	20 公克	蛤蜊 Clam	12 顆	黑胡椒 Black pepper crushed	少許
大蒜（碎）Garlic chopped	10 公克	白酒 White wine	20cc	巴西里（碎）Parsley chopped	少許
橄欖油 Olive oil	20cc	鮮奶 Milk	30cc	帕馬森起司粉 Parmesan cheese	15 公克
雞高湯 Chicken stock	80cc	鮮奶油 Cream UHT	100cc	九層塔 Basil	15 公克
義大利麵 Spaghetti	180 公克	胡椒鹽 Salt& pepper	少許		

｛作　法｝

1. 取一鍋，將水煮滾後放入鹽，下義大利麵煮約 8 分鐘。
2. 麵條煮軟熟後，取出，快速用冰水沖，讓其冰鎮。
3. 九層塔切絲，備用。熱鍋倒入橄欖油，下洋蔥與大蒜，炒至洋蔥軟化，再下蛤蠣與白酒稍微煮一下。
4. 倒入雞高湯，蓋上蓋子悶至蛤蠣殼打開。
5. 加入鮮奶油與鮮奶。撒上少許胡椒鹽與切碎的巴西里。
6. 放進以煮熟的義大利麵與帕馬森起司粉。
7. 最後加入九層塔拌煮至收汁。
8. 盛碗，撒上起司粉與巴西里碎、九層塔絲。

Tips: 義大利麵條煮好時，若是即時食用，不需要沖泡冰水，就可入鍋烹調。

Spaghetti With Caronana Sauce
燒炭者培根起司義大利麵

｛材 料｝

洋蔥 Onion	20 公克	義大利麵條 Spaghetti	180 公克
大蒜 Garlic	5 公克	巴西里（碎）Parsley chopped	少許
培根 Bacon	50 公克	蛋黃 Egg yolk	1 顆
洋菇 Button mushroom	50 公克	帕瑪森起司粉 Parmesan cheese	15 公克
鮮奶 Milk	60cc	黑胡椒粗粒 Black Pepper crushed	少許
鮮奶油 Cream UHT	50cc	橄欖油 Olive oil	20cc
雞高湯 Chicken stock	50cc	胡椒鹽 Salt& pepper	少許

｛作 法｝

1. 培根切大丁，洋菇切片，洋蔥、大蒜切碎。
2. 熱鍋，乾炒培根至爆出油香呈金黃色。
3. 取另一鍋，倒入橄欖油，下洋蔥與大蒜炒至洋蔥軟化，散發香味。
4. 再放入洋菇與炒過的培根。
5. 倒入雞高湯、鮮奶與鮮奶油拌煮。
6. 最後加入黑胡椒粗粒、胡椒鹽與切碎的巴西里。
7. 放入煮好的義大利麵條與起司粉，拌炒均勻後關火，再加入蛋黃，快速拌勻即可。
8. 盛盤後，撒上起司粉與巴西里碎。

Tips: 培根拌炒至金黃色，較不會有豬肉的腥味。
義大利麵條的煮法，詳見 p.141 頁，作法 1、2。

Penne Pasta With Bolognese
波隆那筆管麵

｛材 料｝

洋蔥油 Onion oil	20cc	
雞高湯 Chicken stock	50cc	
筆管麵 Penne pasta	180 公克	
黑胡椒粗粒 Black pepper crushed	少許	
胡椒鹽 Salt& pepper	少許	
帕瑪森起司 Parmesan cheese	10 公克	
巴西里 Parsley	少許	

肉醬
以下備料以 2 公斤的肉醬為主，
而本食譜所需的量為 120 公克

洋蔥 Onion	160 公克
橄欖油 Olive oil	30cc
紅蘿蔔 Carrot	80 公克
洋菇 Button mushroom	80 公克
牛絞肉 (牛臀肉) Ground beef	700 公克
豬絞肉 (梅花肉)Ground pig	300 公克
黑胡椒粗粉 Black pepper crushed	適量
培根 Bacon	50 公克
大蒜 Garlic	20 公克
西芹 Celery	80 公克
紅辣椒 Red chili	少許
小番茄 Tomato	500 公克
小番茄 Baby tomato	500 公克
九層塔 Basil	20 公克
巴西里 Parsley	10 公克
番茄糊 Tomato paste	100 公克

牛骨原汁 Beef gravy	1 公升
紅酒 Red wine	200cc
迷迭香 Rosemary	2 公克
百里香 Thyme	2 公克
月桂葉 Bay leaf	3 片
奧利岡 Oregano	5 公克
乾香菇 Dry mushroom	30 公克
胡椒鹽 Salt&pepper	適量

｛作 法｝

1. 將洋蔥、大蒜切碎。

2. 紅蘿蔔、洋菇、泡水後的乾香菇切小丁，
   泡香菇的水需留著備用。

3. 西芹、辣椒切碎，與作法 1、2 備用。

4. 九層塔、巴西里切碎。

5. 小番茄汆燙後以果汁機打碎,為番茄泥。

6. 牛絞肉、豬絞肉、培根切碎。

7. 熱鍋倒入橄欖油,絞肉下鍋炒至上色。

8. 另取一鍋,乾鍋放入培根爆香,再倒入橄欖
油拌炒洋蔥至軟爛。

9. 放進月桂葉、大蒜、辣椒、百里香及迷迭香炒。

10. 再將紅蘿蔔、洋菇、香菇、西芹、辣椒下鍋炒
至軟化。

11. 再放入炒好的絞肉,倒入番茄糊炒勻。

12. 加進巴西里、九層塔、奧利岡與紅酒拌煮。

13. 再倒入牛骨原汁與剛剛浸泡香菇的水。

14. 最後加入番茄泥放與少許黑胡椒粗粉，拌勻，燉煮約 50 分鐘後以胡椒鹽調味。

15. 取一鍋，將水煮開後加入少許鹽，再放進筆管麵煮約 8 分鐘，煮軟時需攪拌，避免黏鍋。

16. 待筆管麵煮熟後，撈起，用冰水沖，冰鎮一下。

17. 把煮好的肉醬與洋蔥油放入拌勻，完成後另取一鍋，放入 120 公克的肉醬。

18. 倒入雞高湯與筆管麵拌炒。

19. 再放進黑胡椒粗粉、巴西里、起司粉煮至收汁。

20. 盛盤，撒上起司粉與巴西里。

Tips: 洋蔥油的烹調法：取一煮鍋，放入 300 公克的洋蔥小丁，再加入 150cc 的橄欖油，以小火煮滾，煮至洋蔥軟化呈透明狀，且散發香味。
製作肉醬時，若加入些許牛肝菌是最經典的調味。

Grilled Chicken Breast With Cream Spaghetti
炭烤雞胸附奶油義大利麵

〔材 料〕

浸漬雞胸

雞胸 Chicken breast 1 個
白酒 White wine 20cc
胡椒鹽 Salt&pepper 少許
百里香 Thyme 少許
巴西里 Parsley 少許
橄欖油 Olive oil 10cc

奶油義大利麵

橄欖油 Olive oil 10cc
義大利麵 Pasta 180 公克
洋蔥 Onion 20 公克
杏鮑菇 King oyster mushroom 50 公克
雞高湯 Chicken stock 60cc
鮮奶 Milk 30cc

鮮奶油 Cream UHT 60cc
黑胡椒粗粉 Black pepper crushed 少許
胡椒鹽 Salt&pepper 少許
巴西里（碎）Barsley chopped 少許

裝飾物

捲鬚生菜 Frisse 少許

〔作 法〕

1. 取雞胸肉，去皮、去骨，且留翅膀處的骨頭，骨頭邊的肉也需去掉，且將筋刮除乾淨。
2. 再去掉似海錨的三角骨，及周圍的油脂。
3. 洋蔥切片，杏鮑菇切條狀；巴西里去梗，剁碎。
4. 將處理乾淨的雞胸肉撒上白酒、胡椒鹽與黑胡椒粗粒、巴西里、百里香及橄欖油抹勻。浸漬備用。
5. 碳烤鍋先行預熱後，放上作法 4 的雞胸肉煎；在雞胸肉的表面抹上少許的奶油，增加亮澤與香味。
6. 取另一鍋，熱鍋後加入橄欖油與洋蔥炒軟。再放入杏鮑菇與黑胡椒拌炒。
7. 倒入鮮奶和鮮奶油、雞高湯與胡椒鹽，拌煮。
8. 最後加入煮熟的義大利麵、起司粉與巴西里，煮至收汁即可。
9. 將煎好的雞胸肉放入烤箱，以 180°C 烤 10 分鐘。
10. 取出烤好的雞胸肉放在盛盤的義大利麵上，淋上醬汁，以捲鬚生菜為擺飾。

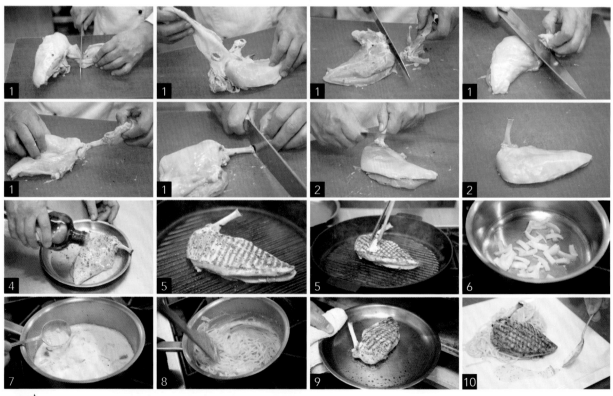

Tips: 義大利麵條的煮法，詳見 p.143 頁，作法 1、2。

9
CHAPTER

主菜 · 海鮮類
MAIN COURSE OF SEAFOODS

以新鮮的魚類、蟹類、貝類等海鮮，搭配獨特的醬汁展現出海鮮
原始的鮮味，以海鮮作為主菜，別於肉類，也是種不錯的選擇。

Baked Fish In Rock Salt
With Tomato Sauce
海鹽烤鮮魚

｛材料｝

鱸魚 Seabass	1 尾	九層塔 Basil	50 公克
新鮮迷迭香 Fresh rosemary	2 根	麵粉 Flour	50 公克
新鮮百里香 Fresh thyme	1 根	大蒜 Garlic	3 粒
粗鹽 Rock of salt	1.5 公斤	洋芋 Potato	2 顆
橄欖油 olive oil	50cc		

｛作法｝

1. 取一配菜盤，鋪上粗鹽，擺上洗淨的洋
   芋，送進烤箱，約烤 25 分鐘。

2. 鱸魚不要去鱗片，拿掉內臟、魚鰓、魚鰭、
   尾鰭，將魚肚擦乾。

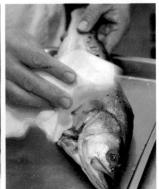

3. 麵粉加入少量的水，拌勻稠化後備用。

7. 九層塔切絲，油炸備用。

4. 烤盤鋪上一層粗鹽，放上清理乾淨的鱸魚。

5. 魚肚內放進迷迭香與百里香。

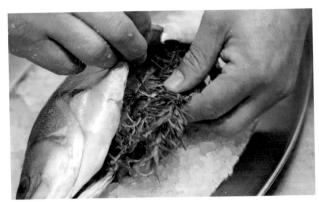

8. 從烤箱中取出烤好的魚，放置微冷後，用刀背將佈滿粗鹽的兩側敲開，去皮取魚肉。

6. 再鋪上粗鹽，淋上麵糊，放進烤箱約 18 分鐘。*
   待麵糊變金黃色時，魚就熟了。

9. 將烤好的洋芋取出，劃上交叉的刀紋，再用力擠出造型。

10. 盤中放上洋芋，擺上魚肉，淋上醬汁後，放上炸好的九層塔絲。

Tomato Sauce
番茄沙司

{ 材 料 }

橄欖 olive
大蒜 Garlic
番茄 Tomato

九層塔 Basil
巴西里 Parsley
胡椒鹽 Salt& pepper

{ 做 法 }

1. 熱鍋倒入橄欖油，將大蒜爆香，大蒜炒至金黃色後撈掉，保留油。
2. 番茄汆燙，去皮，剁碎。
3. 在大蒜爆香後的油鍋中加入番茄碎、剁碎的九層塔與巴西里，煮至軟爛，約 30 分鐘，在灑入些許胡椒鹽。

Poached Salmon Fillet
With Herbs Bearnaise
鮭魚佐香草蛋黃醬

｛材　料｝

鮭魚

新鮮鮭魚 Fresh salmon	120 公克
白酒 White wine	20cc
胡椒鹽 Salt& pepper	少許
檸檬汁 Lemon juice	10cc
調味蔬菜湯 Vegetable stock	500cc

調味蔬菜湯做法，詳見 p73 頁

玫瑰鹽 Rock salt	少許
蒔蘿 Dill	少許

香草蛋黃醬

荷蘭蛋黃醬 Hollandaise sauce	30 公克
巴西里 Parsley	少許
茵陳窩 Tarragon	少許
檸檬汁 Lemon juice	5cc
胡椒鹽 Salt& pepper	少許
打發奶油 Whipped Cream	20 公克

蔬菜條

鮮奶油 Cream	10cc
洋蔥 Onion	適量
紅蘿蔔 Carrot	適量
西芹 Celery	適量
黃瓜 Chinese cucumber	適量
綠櫛瓜 Green zucchini	適量
胡椒鹽 Salt& pepper	少許

｛作　法｝

1. 香草蛋黃醬：取拌打好的荷蘭蛋黃醬加
   入茵陳窩、切碎的巴西里拌勻。

2. 將鮭魚整形，拔出魚刺，沾裹少許玫瑰鹽。

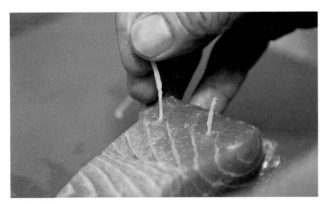

3. 取一鍋，倒入調味蔬菜湯，放進沾裹玫瑰
   鹽的鮭魚，以小火煮 8 分鐘，約 6 分熟。

4. 待鮭魚煮好後，表面抹上香草蛋黃醬，進烤
   箱烤至上色。

6. 熱鍋，倒入鮮奶油、蔬菜條與胡椒鹽，
   稍微拌炒。

5. 黃瓜、紅蘿蔔、洋蔥及綠櫛瓜切火柴棒狀，
   汆燙後以冰生飲水冰鎮，為蔬菜條。

7. 炒好的蔬菜條放於盤中，疊上烤熟的鮭魚，
   以蒔蘿作為裝飾。

Hollandise Sauce
荷蘭醬（香草蛋黃醬）

{材料}

白酒 White wine	100cc
檸檬汁 Lemon juice	30cc
蛋黃 Egg yolks	2 顆
不帶鹽澄清奶油 Unsalted clarified butter	300 公克
溫水 Warm water	30cc
胡椒鹽 Salt & pepper	適量

{做法}

1. 取一沙司鍋，將白葡萄酒、檸檬汁、胡椒鹽濃縮至一半，冷卻備用。
2. 將蛋黃取出放於不鏽鋼盆中，加入作法 1(濃縮汁液)，打至有泡沫為止。
3. 隔水加熱打發。
4. 移開爐上，再慢慢加入牛油。
5. 不斷的攪拌，直到凝固 (類似美奶滋沙拉醬)。
6. 完成後加溫水混合均勻。

Tips: 完成後的醬料最好在 2 ～ 3 小時內使用完畢。此醬料常用再焗烤如龍蝦、牛排等，加在主料上面烤的。

Filet De Bar Poele Du Midi
南法風煎鱸魚

｛材 料｝

鱸魚

鱸魚 Sea bass	4 片	
百里香 Thyme	3 支	
橄欖油 Olive oil	15cc	
胡椒鹽 Salt& pepper	少許	
低筋麵粉 Cake flour	20 公克	

配菜

櫛瓜 Zucchini	70 公克
茄子 Eggplant	100 公克
番茄 Tomato	120 公克
大蒜 Garlic	1/2 粒
洋芋 Potato	
胡椒鹽 Salt& pepper	少許
巴西里 Parsley	少許
九層塔 Basil	少許

迷迭香 Rosemary	少許
百里香 Thyme	2 支
橄欖油 Olive oil	100cc

檸檬奶油醬

檸檬汁 Lemon juice	15cc
奶油 Butter	15 公克
巴西里 Parsley	少許

｛作 法｝

1. 鱸魚切塊，劃斜刀紋，以白酒、胡椒鹽與橄欖油醃漬。
2. 將醃漬好的鱸魚沾裹薄麵粉。
3. 取一鍋，熱鍋倒入橄欖油，將沾裹麵粉的鱸魚下鍋煎至皮呈金黃色，且有脆度。
4. 番茄、櫛瓜、茄子切片，撒上些許胡椒鹽、巴西里、九層塔、百里香、迷迭香，在淋上些許的橄欖油，醃漬。
5. 醃漬好後，下鍋煎至上色。
6. 洋芋去皮削成橄欖型，先煮至七～八分熟，再下鍋煎，撒上巴西里與迷香。
7. 檸檬奶油醬：鍋中倒入檸檬汁與奶油，離火晃動攪拌，撒上少許巴西里。
8. 盤中擺上煎好的蔬菜片與洋芋，淋上醬汁。

Sauteed Scallops Whit Stew Vegetables
香煎平貝佐燉蔬菜

｛材 料｝

干貝貝柱 Scallops	3 個	鮮奶油 Cream	10cc	玉米筍 Bay cron	2 支
低筋麵粉 Cake flour	20 公克	洋蔥 Onion	20 公克	雞高湯 Chicken stock	50cc
胡椒鹽 Salt& pepper	少許	百里香 Thyme	少許	番紅花 Saffron	少許
奶油 Butter	10 公克	綠櫛瓜 Green zucchini	1 條	胡椒鹽 Salt& pepper	少許
沙拉油 Oil	20cc	黃櫛瓜 Yelwor zucchini	2 條	白酒 White wine	
		紅蘿蔔 Carrot	1 條		
燉蔬菜		白蘿蔔 Turnip	1 條	裝飾	
橄欖油 Olive oil	15cc	洋芋 Potato	1 顆	蝦夷蔥 Chive	2 支

｛作 法｝

1. 先把綠櫛瓜、黃櫛瓜、紅蘿蔔、白蘿蔔與洋芋雕為橄欖形，各雕 2 顆。玉米筍汆燙備用。
2. 取一鍋，放入汆燙後的作法 1，倒入橄欖油、雞高湯和番紅花、白酒、鮮奶油與巴西里，燉煮入味，撒下些許胡椒鹽調味，為燉蔬菜。
3. 干貝水分拭乾後，撒上胡椒鹽與白酒，沾裹薄麵粉。
4. 平底鍋中倒入奶油與沙拉油，熱鍋後放入干貝，煎至金黃色。
5. 將燉蔬菜盛於碗中，放上干貝，淋上醬汁，以蝦夷蔥為裝飾。

Steamed Grouper fillet With Chives Cream Souac

蒸石斑佐蝦夷蔥白酒醬

{ 材 料 }

石斑魚

紅石斑 / 紅鰷 Red grouper fillet	2 片	
(160 公克帶皮魚片)		
白酒 White wine	適量	
胡椒鹽 Salt& pepper	少許	

配菜

白蘿蔔 Turnip	30 公克
紅蘿蔔 Carrot	30 公克
綠櫛瓜 Green zucchini	30 公克
蘆筍 Asparagus	30 公克

洋芋 Potato	30 公克
筊白筍 Water bamboo	30 公克

Chives Cream Sauce
蝦夷蔥奶油醬汁

｛材 料｝

奶油 Butter 　　　15 公克
紅蔥頭 Shallot 　　20 公克
白酒 White Wine 80cc
魚高湯 Fish Stock220cc

鮮奶油 Cream UHT　60cc
胡椒鹽 Salt& pepper 少許
蝦夷蔥 Chives 　　10 公克
冰奶油 Cold butter 　8 公克

｛做 法｝

1. 鍋中倒入奶油、紅蔥頭，炒軟後倒入白酒，煮至濃縮為 1/2 量。
2. 倒入魚高湯後，再煮至濃縮 1/2 量。
3. 待濃稠收汁後，過濾掉紅蔥頭，加入蝦夷蔥拌勻，倒進冰奶油拌至溶化，加入少許胡椒鹽。

｛作 法｝

1. 在石斑魚正反兩面淋上少許白酒，撒上胡椒鹽。
2. 取一塊砂布鋪在蒸籠中，放上石斑魚，蒸 8 ～ 10 分鐘。
3. 紅蘿蔔、白蘿蔔、綠櫛瓜及洋芋雕成橄欖形，與蘆筍汆燙備用。
4. 筊白筍切絲，撒鹽汆燙後加入奶油拌炒，撒上少許胡椒鹽。
5. 將炒好的筊白筍擺於模型中，塑型於盤中，擺上蒸好的石斑魚。
6. 再擺上汆燙好的作法 3，淋上醬汁。

King Prawns & Scallop Wrapped In Becon
Sarved With Pommery Mustard Sauce

燻肉明蝦鑲干貝奶油
芥末醬佐燉蔬菜

｛材 料｝

明蝦 King prawns	2 尾	
干貝 Scallops	2 粒	
培根 Bacon	2 片	
白酒 White wine	2cc	
白蘭地 Bandy	10cc	

低筋麵粉 Cake flour	30 公克
沙拉油 Salad oil	20cc
燉蔬菜 Vegetable braised	適量
燉蔬菜作法，詳見 p.39 頁	

德式芥末醬

奶油 Butter	10 公克
紅蔥頭 Shallot	30 公克
白葡萄酒 White wine	100cc
魚高湯 Fish stock	300cc
鮮奶油 Cream UHT	60cc
芥末籽醬 Pommery mustard	20 公克
胡椒鹽 Salt& pepper	少許

｛作 法｝

1. 培根片切半，包裹干貝，為培根干貝捲。
2. 明蝦去頭，剝殼，切背。
3. 將培根干貝捲鑲入明蝦的背中，用 2 支竹籤固定住，為明蝦捲。
4. 明蝦捲以白酒及胡椒鹽醃過，再沾裹薄薄一層的麵粉。
5. 取一鍋，倒入沙拉油，加熱後，將沾有薄麵粉的明蝦捲的兩面煎至金黃。
6. 再倒入少許白蘭地，入烤箱烤，以 250°C 烤約 3 分鐘，取出後，拔掉竹籤。
7. 取鍋放入奶油、紅蔥頭炒軟後，倒入白酒，煮至濃縮為 1/2 量；再倒入魚高湯煮至濃縮 1/2 量。
8. 濃縮後加入鮮奶油拌煮至收汁，過濾掉紅蔥頭，放入芥末籽醬，略煮後撒胡椒鹽，即為德式芥末籽醬。
9. 將烤好的明蝦捲擺於盤中，盛入燉蔬菜，淋上醬汁。

Lobster Thermidor
焗龍蝦

〔材料〕

焗龍蝦

龍蝦 Lobster	1 尾
調味蔬菜湯 Vegetable stock	500cc
奶油 Butter	20 公克
紅蔥頭 Shallot	30 公克
洋菇 Button mushroon	20 公克
德式芥末醬 Pommery mustard	15 公克
白酒 White wine	50cc
白蘭地 Brandy	10cc
鮮奶油 Cream UHT	80cc
摩札瑞拉起司 Mozzarella cheese	10 公克
帕馬森起司 Parmesan cheese	15 公克
月桂葉 Bay leaf	1 片
胡椒鹽 Salt & pepper	少許
白醬 Béchamel source	20 公克
葛利亞起司 Gruyere cheese	10 公克

傑森洋芋

洋芋 Potato	2 粒
奶油 Butter	10 公克
洋蔥（碎）Onion chopped	10 公克
培根（碎）Bacon chopped	20 公克
鮮奶油 Cream UHT	10cc
豆蔻粉 Nutmeg	適量
胡椒鹽 Salt& pepper	適量
帕馬森起司 Parmesan cheese	15 公克
摩札瑞拉起司 Mozzarella cheese	20 公克

〔作法〕

1. 龍蝦放入調味蔬菜高湯中，加入少許鹽，煮至蝦殼變為紅色，約煮 5 分鐘至 8 分熟。

2. 龍蝦煮熟後，去殼取出龍蝦肉，切大丁。

3. 將烤箱溫度預熱至 180°C，把龍蝦殼切對半，放入烤箱烤約 2 ～ 3 分鐘。

4. 紅蔥頭切碎，備用。

5. 取一鍋，加熱後放入奶油，先將紅蔥頭炒軟，下洋菇丁拌炒至軟且有香氣。

6. 再放入龍蝦肉丁，倒入白酒與白蘭地拌煮後，加入白醬、德式芥茉醬拌炒均勻。

7. 作法 6 拌炒後，放入摩札瑞拉起司與葛利亞起司，拌勻成濃稠狀，撒上少許胡椒鹽，關火，即為炒龍蝦肉。

8. 把炒龍蝦肉填入龍蝦殼內，撒上少許的帕馬森起司，放入明火烤箱中烤至上色。

11. 熱鍋後，加入奶油、培根、洋蔥炒香，再放入洋芋丁炒勻，撒上胡椒鹽與帕馬森起司，為炒洋芋。

9. 整顆洋芋放入烤箱烤，烤好後對切。

12. 將炒洋芋填入洋芋盅，放入摩札瑞拉起司，並撒上帕馬森起司與巴西里，送入烤箱，以 180℃ 烤約 5 分鐘至上色。

10. 將切半的洋芋挖出，切丁。

13. 擺盤，放上龍蝦與洋芋盅，以香菜為裝飾。

Tips: 烤龍蝦時，也可使用家用烤箱，以烤溫 180℃ 烤至上色即可。

Steamed Sole fillet Stuffed In Scallop Muosse & Crab Meat With Orange Sabayon

蒸鰈魚鑲蟹貝香橙沙巴翁

{材料}

鰈魚 Sole fillet	200 公克	干貝慕斯 (20 公克)		
白蘭地 Brandy	10cc	白酒 White wine	10cc
胡椒鹽 Salt & pepper	適量	蟹肉 Crab meat	50 公克
奶油 Butter	20 公克	干貝 Scallop	50 公克
蒜苗 (絲) Leek zest	適量	胡椒鹽 Salt & pepper	適量
紅甜椒 (絲) Red bell pepper zest	適量	番紅花 Saffron	少許
黃甜椒 (絲) Yellow bell pepper zest	適量	蛋白 Egg whit	少許

{作法}

1. 剝去鰈魚的外皮，取 2 片魚肉，備用。

2. 蟹腿肉以調為蔬菜湯煮熟備用。

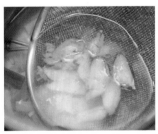

3. 干貝切丁與些許蛋白、胡椒鹽及白酒以食物調理機稍微拌攪後，倒入鮮奶油打成泥，為干貝慕斯。

4. 干貝慕斯與蟹腿肉混合拌勻，加入些許泡過白酒的番紅花，增加色澤。

5. 把蝶魚肉鋪平，放入拌勻後的作法4，捲成圓柱狀，再以保鮮膜捲包(才會成形)，為蝶魚鑲蟹貝。

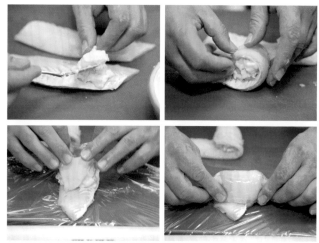

6. 將蝶魚鑲蟹貝放入蒸籠中，蒸 12 分鐘至熟。

7. 蒸好後取出，拆掉保鮮膜，整形切平。

8. 取一鍋水，煮滾後放入鹽與奶油，再加入蒜苗絲、紅甜椒絲與黃甜椒絲汆燙。

9. 盤中夾入汆燙後的蒜苗絲與紅、黃甜椒絲，擺上作法 7，淋上醬汁。

10. 擺盤完成後，放入明火烤箱烤至稍為上色，再以作法 8 為裝飾即完成。

Orange sabayon
香橙沙巴翁

﹛ 材 料 ﹜

蛋黃 Egg yolk	1 顆
濃縮柳橙汁 Orange reduced	20cc
胡椒鹽 Salt & pepper	適量
桔子甜酒 Grand marnier	15cc
檸檬汁 Lemon juice	10cc
細砂糖 Sugar	5 公克

﹛ 做 法 ﹜

1. 柳橙榨成汁後，倒入熱鍋中，加入細砂糖煮至濃稠，為濃縮柳橙汁。

2. 蛋黃、白蘭地、胡椒鹽拌打至稍微起泡，再加入濃縮柳橙汁繼續拌打至產生泡沫，再倒入檸檬汁。

3. 作法 2 隔水加熱，攪拌至濃稠。

10

CHAPTER

主菜・各類肉排
MAIN COURSE OF ENTREES

主菜是正統西餐中的第四道菜餚，其食材多數取自肉類或禽類，
最常見的有牛、雞、豬、羊、鴨及鵪鶉。

Baked Beef Wellington Steak
威林頓牛排

{ 材 料 }

牛菲力 Beef fillet	120 公克	鴨肝 Duck liver	50 公克	蛋 Egg	1 顆
奶油 Butter	20 公克	鮮奶油 Cream UHT	30cc	橄欖油 Olive oil	20cc
紅蔥頭 (碎)Shallot chopped	50 公克	胡椒鹽 Salt& pepper	適量	低筋麵粉 Cake flour	少許
蘑菇 Button mushroom	50 公克	起酥皮 Puff pastry	3 片		

Red Wine Sauce
紅酒醬汁

{ 材 料 }

紅蔥頭 (碎)	奶油 Butter　　　　150 公克
Shallot chopped 30 公克	冰奶油 Cold butter　少許
紅酒 Red wine　200cc	牛骨原汁 Beef gravy　300cc
	胡椒鹽 Salt&pepper 少許

{ 做 法 }

1. 熱鍋，放入奶油與紅蔥頭拌炒至軟。
2. 再倒入紅酒濃縮至一半後，與牛骨原汁拌煮至濃稠狀，過濾後煮滾，撒上胡椒鹽，放入冰奶油融化。

{ 作 法 }

1. 鍋中放入奶油加熱後，加進紅蔥頭炒至軟化，再放入切塊的蘑菇炒至上色。
2. 牛菲力與鴨肝撒上胡椒鹽，牛菲力淋橄欖油，鴨肝沾層薄麵粉。
3. 熱鍋後倒入橄欖油，放入牛菲力與鴨肝，牛菲力煎至 3 分熟，壓乾稍間上色。
4. 起酥皮刷上蛋液，放上煎好的牛菲力、蘑菇與鴨肝，再覆蓋上一層酥皮，將其全部包住為威林頓牛排。
5. 起酥皮黏上小片花狀酥皮作為裝飾，以蛋液為黏著劑，再全部刷上蛋液。可利用模型將酥皮條壓成花形
6. 將威林頓牛排送入烤箱，以溫度 180°C 烤 7 ~ 8 分鐘，外表上色酥脆。
7. 擺盤，盤中盛入燉蔬菜，擺上烤好威林頓牛排，淋上醬汁。（燉蔬菜作法，詳見 p39 頁）

Vienna Schnitzel
維也納牛仔排

｛材料｝

牛仔排

犢牛肉 Veal	160 公克
白酒 White wine	20cc
胡椒鹽 Salt& pepper	少許
低筋麵粉 Cake flour	20 公克
蛋 Egg	1 顆
麵包粉 Bread crumb	60 公克
沙拉油 Sala oil	適量
紅酒醬汁	適量

紅酒醬汁作法，詳見 p.179 頁

鑲番茄

番茄 (中型) Tomato	1 顆
迷迭香 Rosemary	少許
百里香 Thyme	少許
麵包粉 Bread crumb	30 公克
帕馬森起司 Parmesan cheese	10 公克
奶油 Butter	20 公克
大蒜 (碎)Garlic chopped	少許
巴西里 (碎)Parsley chopped	少許

培根蘆筍捲

培根 Bacon	1 片
蘆筍 Asparagus	2 支

威廉洋芋

馬鈴薯泥 Masher potato	60 公克
麵包粉 Bread crumb	60 公克
蛋液 Egg	1 顆
低筋麵粉 Cake flour	20 公克

裝飾物

檸檬 Lemon	1 片
酸豆 Capers	少許
蛋 Egg	1/2 顆
匈牙利紅椒粉 Parpka	少許
巴西里 Parsley	少許

｛作 法｝

1. 把犢牛肉以打肉器及蝴蝶刀打成 0.5 公分厚度的肉排。

2. 再用刀背整成方形。

3. 肉排上撒胡椒鹽、白酒，沾裹低筋麵粉、蛋液與麵包粉。

4. 輕按作法 3 的肉排後，用刀子將四周整成方形，
　 用刀背在表面上輕壓幾刀，讓其呈現斜紋的紋路。

5. 鍋中倒入 1/2 的沙拉油，與 1/2 的奶油，油
　 熱後下肉排，炸約 6 ～ 7 分熟，表面呈金黃色，
　 撈起後，以餐巾紙吸油取過多的油。

7. 番茄頗拌，有弧度的挖出些許果肉與籽，填
　 入內餡，為番茄盅。

6. 取一碗，放入巴西里、迷迭香、百里香、麵包
　 粉、起司粉、奶油、大蒜拌勻，為番茄盅內餡。

8. 將番茄盅放入烤箱，以溫度 180°C 烤至上色。

9. 蘆筍切段汆燙後，包入培根中，以竹籤固定，為蘆筍培根捲。

10. 鍋中倒入橄欖油，放入蘆筍培根捲，煎至上色。

11. 檸檬切片後，沿邊把皮削下，尾端不要切斷，將皮捲成曲狀。

12. 蛋煮熟後切碎，酸豆剁碎。

13. 將蛋碎、巴西里、紅椒粉、大蒜及酸豆盛於檸檬上。

14. 擺盤，旁邊放上威廉洋芋與培根蘆筍捲，盤中放入肉排，肉排上擺上檸檬，淋上紅酒醬。

Tips: 威廉洋芋製作法：將馬鈴薯泥塑成西洋梨的形狀，裹上低筋麵粉、蛋液與麵包粉，放入油鍋炸至金黃色即可。

Rib Eye Steak
肋眼牛排

{材 料}

肋眼牛排

肋眼牛排 Rib eye of beef	200 公克
胡椒鹽 Salt& pepper	少許
澄清奶油 Clarified butter	20 公克
牛骨原汁 Beef grary	20 毫升
黑胡椒粗粒 Black pepper crushed	少許
橄欖油 Oliver oil	少許

馬鈴薯泥

煮熟的馬鈴薯 Potato cooked	300 公克
鮮奶油 Cream	20cc
奶油 Butter	15 公克
蛋黃 Egg yolk	1/2 顆
荳蔻 Nutmeg	1/4 茶匙
胡椒鹽 Salt& pepper	適量

馬鈴薯泥作法，詳見 p33 頁

裝飾

杏鮑菇	
King oyster mushroom	30 公克
紅蘿蔔 Carrot	2 粒
綠櫛瓜 Green zucchini	2 粒

{作 法}

1. 杏鮑菇切拌，撒上百里香，淋橄欖油、下胡椒鹽與黑胡椒粗粒，下鍋煎至上色，杏鮑菇表面呈現條紋。備用。
2. 將紅蘿蔔、綠櫛瓜雕成橄欖形，下鍋汆燙，撈起備用。
3. 煮好的馬鈴薯模成泥，用 2 支湯匙重覆轉動，塑型出橄欖形。
4. 肋眼牛排撒上胡椒鹽、黑胡椒粗粒及橄欖油。
5. 下鍋煎至表面呈金黃色，約 3 分熟；放入烤箱以烤溫 180°C，烤約 3 分鐘至 5 分熟即可。
6. 擺盤，盤中放上煎好的肋眼牛排，擺上橄欖形的馬鈴薯泥與紅蘿蔔、綠櫛瓜，煎熟的杏鮑菇及香菜。

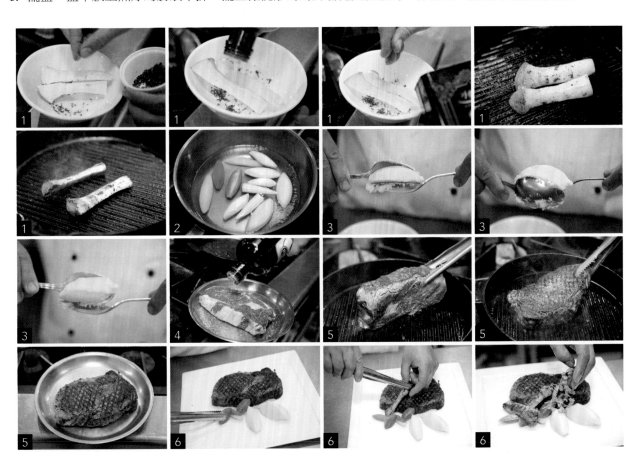

Roasted Beef Of Sirloin
烤沙朗牛肉

﹛材 料﹜

沙朗牛肉 Sirloin of beef	1 大塊（1.5Kg）	洋蔥 Onion	120 公克
胡椒鹽 Salt& pepper	適量	迪戎芥末醬 Dijon mustared	60 公克
澄清奶油 Clarified butter	20 公克	牛骨原汁 Gravy	200cc
西芹 Celery	60 公克	迷迭香 Rosemary	少許
紅蘿蔔 Carrot	60 公克	肯瓊調味料 Cajun seasoning	少許
蒜苗 Leek	50 公克	（肯瓊調味料可於一般生鮮超市購買）	

﹛作 法﹜

1. 調味蔬菜 (西芹、紅蘿蔔、蒜苗、洋蔥) 切大丁。
2. 肯瓊調味料、迷迭香撒在牛排上，正反兩面均撒。
3. 鍋中倒入橄欖油，熱鍋後，將撒上調味料的牛排下鍋煎至金黃色。
4. 將煎好的牛排抹上迪戎芥末醬，整塊需抹勻。
5. 烤盤上先墊上調味蔬菜，再放上牛排，送入烤箱，以溫度 180°C 先烤 30 分鐘至表面上色，再將烤溫調為 160°C，烤 30 分鐘，約 5 分熟即可。
6. 醬汁：牛骨原汁與胡椒鹽拌勻。
7. 取出烤好的牛排，切片後擺盤，放上調味蔬菜，淋上醬汁。

Grilled Lamb Chop With Tarragon Sauce
龍艾風味的烤帶骨羔羊

〔材料〕

羔羊肋排 Lamb chop	4 塊		**茵陳蒿醬汁**		燴法蔬	
茵陳蒿 Tarragon	適量		奶油 Butter	15 公克	燴法蔬作法，詳見 p.41 頁	
橄欖油 Olive oil	適量		紅蔥頭 Shallot	30 公克	威廉洋芋 2 顆	
巴西里（碎）Parsley chopped	適量		白酒 White wine	100cc	威廉洋芋作法，詳見 p.183 頁	
迷迭香（碎）Rosemary chopped	適量		羊骨原汁 Lamb gravy	400cc		
百里香（碎）Thyme chopped	適量		茵陳蒿（艾龍）Tarragon	1 支		
大蒜（碎）Garlic chopped	適量		胡椒鹽 Salt& pepper	適量		
帕馬森起司 Parmesan cheese	適量					

〔作法〕

1. 支解羔羊肋排，骨頭上的油脂須刮除乾淨，否則烤時，骨頭容易黑掉。骨頭若太長，需鋸短一點。
2. 將支解好的羊肋排撒上胡椒鹽與橄欖油。
3. 條紋煎鍋熱鍋後，羊肋排下鍋煎，煎至表面印上交叉狀的條紋，上色即可。
4. 迷迭香、百里香、巴西里、大蒜、帕馬森起司一起拌勻，鋪在已煎上色的羊肋排上，使用明火烤箱烤。
5. 醬汁：奶油、紅蔥頭、白酒、茵陳蒿及羊骨原汁，煮至濃稠，過篩後，加入胡椒鹽與檸檬汁。
6. 燴法蔬放入模型盒中，填滿後倒扣於盤上，取出模型盒。
7. 擺盤，在放有燴法蔬的盤中放上威廉洋芋及羊肋排，淋上醬汁。

Irish Lamb Stew
愛爾蘭燉羊肉

{材料}

羊頸肉 Lamb neck 800 公克	白蘿蔔 Turnip	50 公克	胡椒鹽 Salt& pepper	適量
洋蔥 Onion	50 公克	馬鈴薯 Potato	120 公克	迷迭香 Rosemary	適量
胡蘿蔔 Carrot	50 公克	月桂葉 Bay leavf	1 片	薏仁 Barley	60 公克
西芹 Celery	50 公克	褐高湯 Brown stock	1 公升	鼠尾草 Sage	少許
青蒜 Leek	60 公克	高麗菜葉 Cabbage leave	100 公克	百里香 Thyme	少許
		梅林辣醬油 Worcestershire sauce 5 毫升			

{作法}

1. 羊頸肉切大丁。取一鍋，水滾後放入少許鹽巴，汆燙羊頸肉至外表有點變色。
2. 汆燙後，再用冰生飲水沖洗，去雜質。
3. 高麗菜、洋蔥、芹菜切大丁，紅、白蘿蔔切圓片，蒜苗切小段。馬鈴薯切大丁，泡水使其不易氧化。
4. 另取一鍋，放入作法 3 的蔬菜丁與汆燙後的羊頸肉，倒入高湯，高湯的量需蓋過羊肉。
5. 加入少許鹽巴，燉煮 1 小時，期間待 30 分鐘後，加入泡水變軟的乾薏仁依同煮。乾薏仁需先泡水半天，待其變軟使用。
6. 同時，待過 40 分鐘後，再放入馬鈴薯燉煮。
7. 撒胡椒鹽入羊肉鍋中，且將浮於湯表面的油脂撈除。
8. 盛碗。

Roasted Lamb Of Leg
燒烤小羊腿

{材料}

羊腿 Lamb leg	1 隻		西芹 (丁)Celery diced	60 公克
沙拉油 Salad oil	300cc		青蒜 Leek	50 公克
紅酒 Red wine	30cc		百里香 Thyme	1/2 茶匙
奶油 Butter	20 公克		褐高湯 Brown stock	300cc
洋蔥 (丁)Onion diced	60 公克		胡椒鹽 Salt& pepper	適量
整粒大蒜 Garlic whole	20 公克		黑胡椒原粒 Black pepper corn	少許
月桂葉 Bay leave	3 片		肯瓊調味料 Cajun seasoning	少許
迷迭香 Rosemary	5 公克		（肯瓊調味料可於一般生鮮超市購買）	
胡蘿蔔 (丁)Carrot diced	60 公克			

{作 法}

1. 取一盤，將調味蔬菜丁 (胡蘿蔔、西芹、青蒜、洋蔥)、大蒜、迷迭香、黑胡椒粗粒，為調味蔬菜。

3. 大蒜去頭尾後，塞入羊腿肉的洞中，去腥味。

2. 將羊腿片開後，隨意在腿上插數洞 (6 ～ 7 洞)。

4. 迷迭香撒在羊腿上，也可塞入洞中。

5. 撒上肯瓊調味料。

6. 將整隻羊腿以棉繩包繫住，使其固定不散開。

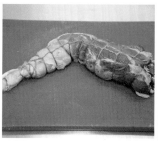

7. 繫緊棉繩後，羊腿表面在撒上迷迭香、肯瓊調味粉，抹上沙拉油。

8. 將繫上棉繩的羊腿下鍋煎至金黃色。

9. 烤盤鋪上調味蔬菜，放上煎好的羊腿，淋上高湯。

10. 放入烤箱，以溫度 180°C 烤 60 分鐘。

11. 取出烤好的羊腿，拆除棉線後，切片。

12. 烤盤上剩餘的汁液，濾渣後倒入鍋中與褐高湯一起煮滾，煮至縮汁後，過濾，撒上胡椒鹽調味為醬汁。

13. 擺盤，淋醬汁，撒上迷迭香。

Tips: 作法 9 的烤盤上淋高湯，是避免蔬菜烤焦。

Pork Loin Stuffed With Button Mushroom

洋菇煎豬肉捲附橄欖型胡蘿蔔

{ 材 料 }

					配菜	
洋蔥 onion	20 公克	白酒 White wine	10cc		蘑菇 Button mushroom	2 朵
洋菇 Button mushroom	60 公克	雞骨原汁 Chicken gravy	200cc		青花菜 Broccoil	1 朵
奶油 Butter	50 公克	鮮奶油 Cream UHT	20cc		橄欖型紅蘿蔔 Carrot tournes	2 粒
胡椒鹽 Salt&pepper	少許	紅蔥頭 Shallot	2 粒		雞高湯 Chicken stock	
里肌肉 Pork loin	160 公克				奶油飯 Pilaft rice	
白蘭地 Brandy	10cc				奶油飯作法，詳見 P.27 頁	

{ 作 法 }

1. 處理里肌肉，去除掉多餘油脂。里肌肉切片後，以打肉器打薄。
2. 取一鍋，加入奶油、紅蔥頭碎及洋蔥碎拌炒後，放入洋菇丁炒後，倒入白蘭地、雞骨原汁、鮮奶油。
3. 待洋菇炒軟後，撒上胡椒鹽，拌至收汁，為餡料。
4. 餡料冷卻後，包入里肌肉片中，捲起以竹籤固定，為里肌肉捲。
5. 里肌肉捲撒上白酒及胡椒鹽。
6. 熱鍋倒入橄欖油，放入里肌肉捲煎，煎時需先煎竹籤所插之處，使其密合。
7. 待里肌肉捲煎至上色，再放入烤箱，以溫度 180°C 烤 3 分鐘。
8. 將蘑菇雕出紋路，煮熟軟化後再下鍋煎至上色。
9. 取一鍋，倒入雞高湯與胡椒鹽，將青花菜及橄欖型紅蘿蔔煮熟備用。
10. 里肌肉捲出烤箱後，以斜刀對切，擺於盤中，附上蘑菇、青花菜、紅蘿蔔，與奶油飯，淋上雞骨原汁。

Pork Eseallop With Tomato Sauce
米蘭式香焗豬排

｛材 料｝

豬排 Pork eseallop	160 公克	巴西里 Parsly	少許	茄子 Eggplant	2 片
白酒 White wine	20cc	九層塔 Basil	少許	黃櫛瓜 Yellow zucchini	2 片
調味料 Seasoning	少許	洋菇 Button mushroom	50 公克	綠櫛瓜 Green zucchini	2 片
麵粉 Flour	20 公克	摩札瑞拉起司 Mozzarella	30 公克	洋芋 Potato	2 粒
蛋 Egg	1 顆	帕瑪森起司 Parmesan	少許		
橄欖油 Olive oil	30cc	番茄沙司 Tomato sauce	80 公克		
胡椒鹽 Salt& pepper	少許	筊白筍 Wate bamboo	1 支		

｛作 法｝

1. 筊白筍剖拌，洋菇、茄子、黃櫛瓜、綠櫛瓜切片。
2. 作法 1 下鍋煎，撒下胡椒鹽、九層塔及巴西里，煎至上色。
3. 豬排上撒些許胡椒鹽，裹上麵粉與蛋液，下油鍋煎至金黃色。
4. 將煎好的豬排倒入少許白酒，放入烤箱，以溫度 180°C 烤 5 分鐘。
5. 摩札瑞拉起司切薄片，備用。
6. 取出烤好豬排，表面鋪上番茄沙司、洋菇、摩札瑞拉起司片、帕馬森起司粉與巴西里，以明火烤箱烤至表面呈金黃即可。
7. 削五面形洋芋煮熟後，下油鍋煎至上色。
8. 盤中放入煎好的櫛瓜、茄子、洋芋及番茄沙司，放上烤好的豬排，擺上筊白筍。

Roasted Pork Spare Ribs With B.B.Q Sauce
燒烤豬肋排

〔材料〕

豬肋排

豬肋排 Pork spare ribs	500 公克
洋蔥 onion	50 公克
紅蘿蔔 Carrot	50 公克
西芹 Celery	50 公克
蒜苗 Leek	30 公克
雞高湯 Chicken stock	1000cc
白酒 White wine	少許
月桂葉 Bay leave	1 片

百里香 thyme	適量
鹽 Salt&	適量
迷迭香 Rosemary	適量
黑胡椒粒 Black pepper corn	適量

配菜

蜜地瓜

蜜地瓜材料及作法，詳見 p.37 頁

橘味 BBQ 醬

橘子醬 Orange sauce	120 公克
檸檬汁 Lemon juice	30cc
胡椒鹽 Salt& pepper	適量
BBQ 醬 B.B.Q sauce	600 公克

BBQ 醬作法，詳見 p.15 頁

〔作法〕

1. 處理豬肋排，去除多餘的油脂，撒上鹽和黑胡椒粒，靜置備用。
2. 洋蔥、紅蘿蔔、西芹、蒜苗分別切大丁，為調味蔬菜。
3. 取一平底鍋加熱後，把豬肋排放入鍋內煎至呈金黃色，散發薰香味。
4. 再取一深烤盤，放入調味蔬菜、月桂葉、黑胡椒粒、迷迭香、百里香、雞高湯、白酒、鹽，一起混合均勻。
5. 作法 4 完成後包上錫箔紙入烤箱，烤溫為 200℃，烤 40 分鐘。
6. 從烤箱取出烤好的豬肋排，內面骨排中間用刀劃開，均勻塗抹橘味 BBQ 醬。
7. 再放入烤箱，以溫度 180℃ 烤約 12 分鐘，烤至豬肋排呈焦金黃色。
8. 橘味 BBQ 醬：BBQ 醬加入帶皮的橘子果醬、檸檬汁、胡椒鹽一起烹煮 20 分鐘，調味均勻即完成。
9. 取出烤好的豬肋排盛於盤中，配上蜜地瓜，淋上醬汁，擺上生菜為裝飾。

Hungarian Goulash With Pilaf Rice
匈牙利燴牛腩肉

{材料}

牛腩 Beef brisket cube	400 公克	大蒜 Garlic		酸奶 Sour cream	10 公克
紅酒 Red wine	20cc	褐高湯 Brown stock	1.5 公升	番茄 Tomato	1 顆
胡椒鹽 Salt& pepper	適量	月桂葉 Bay leave	2 片	黃甜椒 Yellow Bell pepper	10 公克
高筋麵粉 Bread fiour	20G	胡椒鹽 Salt& pepper	適量	紅甜椒 Red Bell pepper	10 公克
紅酒 Red wine	120cc	馬鈴薯 (丁)Poato diced	50 公克		
洋蔥 Onion	60G	蘑菇 (丁) Mushroom diced	30 公克	配菜	
胡蘿蔔 (丁)Carrot diced	50G	凱莉茴香 Caraway	少許	野苣 (山蘿蔔) Chervil	少許
西芹 (丁)Celery diced	50G	匈牙利紅椒粉 Paprika	20 公克	奶油飯 Pilaf rice	80 公克
青蒜 (丁) Leek diced	40G	迷迭香 Rosemary	少許	奶油飯材料及作法，詳見 p.27 頁	
		百里香 Thyme	少許		

{作法}

1. 牛腩肉切塊。

2. 迷迭香、百里香、大蒜、凱莉茴香與洋蔥切碎。

3. 番茄去皮去籽切大丁，黃、紅甜椒切大丁。

4. 盤中放入牛腩肉、紅酒、紅椒粉 (一平匙)
   與胡椒鹽拌，再稍微裹上高筋麵粉拌勻，
   為醃牛腩。

5. 熱鍋後倒入橄欖油，將醃製好的牛腩下鍋煎，
   煎至表面上色。

6. 取另一鍋，把剛剛煎牛腩肉剩下的油汁用來炒
   洋蔥，炒軟後，下迷迭香、百里香、大蒜、凱
   莉茴香，與煎好的牛腩拌炒，倒入紅酒蒸發。

7. 拌炒完倒入牛高湯燉煮 2 小時。

8. 牛腩燉煮1〜2小時後，加入紅、黃甜椒及番茄。

9. 將煮好的奶油飯填入杯中，用湯匙壓紮實，填滿。

10. 奶油飯倒扣於盤中擺上山蘿蔔，另碗盛上煮好的牛腩，淋上酸奶，擺上迷迭香。

Pan-Fried Spring Chicken With Hunt Sman Sauce
香煎春雞佐獵人醬汁

{材料}

香煎春雞

春雞 Spring chicken	半隻	
橄欖油 Olive oil	20cc	
奶油 Butter	10 公克	

獵人醬汁

洋蔥 onion	20 公克
雞高湯 Chicken stock	30cc
洋菇 Mushroom	60 公克
紅蔥頭 Shallot	20 公克
奶油 Butter	20 公克
白蘭地 Brandy	20cc
胡椒鹽 Salt& pepper	少許

巴西里 parsly	少許
小番茄 Tomato	60 公克
雞骨原汁 Chicken gravy	300cc
百里香 Thyme	少許

配菜

馬鈴薯 Potato	2 顆
鹽 Salt	少許

{作法}

1. 洋菇切丁,紅蔥頭、洋蔥分別切碎。
2. 小番茄汆燙後,冷卻去皮。
3. 熱鍋後放入奶油,先下洋蔥與紅蔥頭拌炒,再放入洋菇炒香。
4. 再倒入雞骨原汁與雞高湯,最後放入汆燙後的小番茄及白蘭地,拌煮至收汁,撒些許巴西里,為獵人醬汁。
5. 馬鈴薯削成酒桶狀;取一鍋水煮滾後,加入少許鹽巴,放進酒桶狀馬鈴薯煮至 8 分熟。
6. 另取一鍋,熱鍋後倒入橄欖油與少許奶油,放入春雞與酒桶狀馬鈴薯,煎至上色。
7. 煎好的春雞入烤箱,以烤溫 180°C 烤 20 分鐘。
8. 獵人醬汁撒入胡椒鹽與巴西里。
9. 將烤好的春雞至於盤中,擺上煎好的馬鈴薯,淋上獵人醬汁。

Chicken Breast Steffed With Ratatouille

燴法蔬鑲雞胸肉

〔 材 料 〕

雞胸肉 Chicken breast	160 公克	燴法蔬 Ratatouille	50 公克	奶油 Cream	30cc
白酒 White wine	20cc	燴法蔬作法，詳見 p.41 頁		蛋白 White egg	30cc
胡椒鹽 Salt& pepper	少許				
波菜葉 Spainch	1 片	**雞肉慕斯**			
鮮奶油 Cream UHT	40 公克	雞胸肉 Chicken meat	少許		
蛋白 Egg white	1 顆	胡椒鹽 Salt& pepper	少許		
黑胡椒粗粒 Black pepper crushed	少許	白酒 White wine	20cc		

〔 作 法 〕

1. 修整雞胸肉，剁掉關節處。

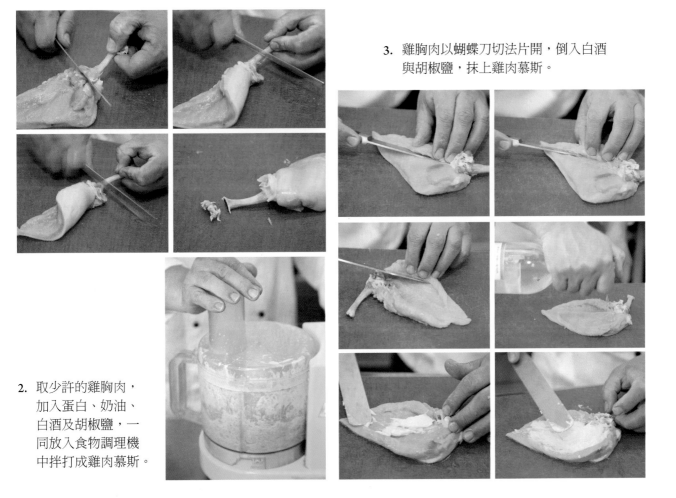

3. 雞胸肉以蝴蝶刀切法片開，倒入白酒
   與胡椒鹽，抹上雞肉慕斯。

2. 取少許的雞胸肉，
   加入蛋白、奶油、
   白酒及胡椒鹽，一
   同放入食物調理機
   中拌打成雞肉慕斯。

4. 波菜汆燙冷卻後，抹上雞肉慕斯，放入燴法
   蔬，捲起，為波菜捲。

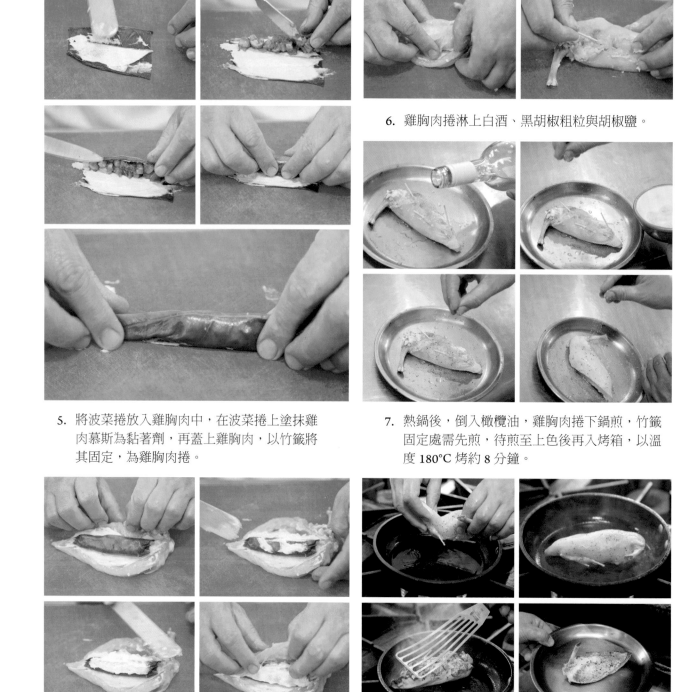

6. 雞胸肉捲淋上白酒、黑胡椒粗粒與胡椒鹽。

5. 將波菜捲放入雞胸肉中，在波菜捲上塗抹雞
   肉慕斯為黏著劑，再蓋上雞胸肉，以竹籤將
   其固定，為雞胸肉捲。

7. 熱鍋後，倒入橄欖油，雞胸肉捲下鍋煎，竹籤
   固定處需先煎，待煎至上色後再入烤箱，以溫
   度 180°C 烤約 8 分鐘。

8. 取出烤好的雞胸肉捲，拔出竹籤，切塊。

9. 將燴法蔬盛於盤中，擺上切好的雞胸肉捲，淋上醬汁，以蝦夷蔥做為裝飾。

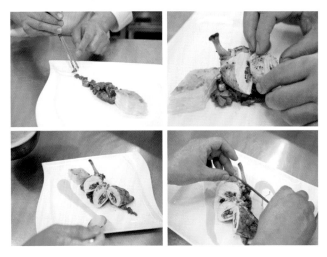

Saffron Sauce
奶油番紅花醬

｛ 材 料 ｝

奶油 Butter	10 公克	鮮奶油 Cream UHT	30cc
紅蔥頭 Shallot chopped	20 公克	番紅花 saffron	少許
白酒 White wine	60cc	白蘭地 Brandy	15cc
雞高湯 Chicken stock	200cc	胡椒鹽 Salt& pepper	少許

｛ 做 法 ｝

1. 熱鍋後，下奶油與紅蔥頭拌炒至軟，再倒入白酒，待濃縮至 1/2 時，加入雞高湯，煮至濃稠。

2. 加入鮮奶油煮至濃縮，過濾後，加入泡了白蘭地的番紅花。

3. 起鍋前，撒入些許胡椒鹽，與硬塊奶油，關火，晃動鍋子，使奶油融化。

｛材料｝

全雞 Chicken	1 隻	蒜苗 Leek	60 公克
核桃木醃漬粉 Walnut seasoning 50 公克		紅蘿蔔 Carrot	100 公克
洋蔥 Onion	150 公克	核桃木油 Walnut oil	50cc
西芹 Celery	100 公克		

｛作法｝

1. 調味蔬菜 (洋蔥、西芹、紅蘿蔔、蒜苗) 切大丁，備用。
2. 將雞頭、腳切除後放入容器中，全身撒上核桃木醃漬粉，需抹均勻。
3. 在雞的身體裡與容器中均塞入一些調味蔬菜。
4. 雞全身淋上核桃木油，抹均勻後冷藏醃漬 24 小時。
5. 取出醃好的雞，用棉繩將雞翅膀與雞腿固定住。
6. 烤盤上鋪上調味蔬菜，放上雞，抹上核桃木油，放進烤箱，以溫度 180°C 烤 28 分鐘。
7. 待雞烤好後取出，刷上一層核桃木油後，以相同的溫度再烤 2 分鐘。
8. 完成後，去除棉繩，整隻雞放於盤中，再擺上一起烤過的調味蔬菜。

Braised Duck Leg In Orange Gravy
香橙燜嫩鴨腿

{材料}

鴨腿 Duck leg	1 隻	青蒜 (丁)Leek diced	50 公克	里昂馬鈴薯			
白蘭地 Brandy	20cc	月桂葉 Bay leaf	2 片	里昂馬鈴薯作法，詳見 p.29 頁			
胡椒鹽 Salt& pepper	適量	百里香 Thyme	1/3 茶匙	燴法蔬			
迷迭香 Rosemary	少許	柳橙汁 Orange juice	120 cc	燴法蔬作法，詳見 p.41 頁			
橄欖油 Olive oil	20cc	柳橙皮 (絲)Orange zest	適量				
柳橙 Orange	2 顆	胡椒鹽 Salt& pepper	適量				
奶油 Butter	30 cc	杜松子 Juniper berrie	3 粒				
洋蔥 (丁)Onion diced	80 公克	檸檬汁 Lemon juice	10cc				
胡蘿蔔 (丁)Carrot diced	80 公克	鴨骨原汁 Duck grave	200c				
西芹 (丁) Celery diced	70 公克						

{作法}

1. 一顆柳橙，削皮切絲。

3. 將鴨腿上的油脂盡量刮除，剔除掉鴨腿骨。

2. 另顆柳橙，削皮取果肉，果肉切片，去籽，備用。

4. 鴨腿撒上胡椒鹽、杜松子、迷迭香、白蘭地、百里香，翻面重複一次，為醃鴨腿。

6. 再倒進調味蔬菜湯、鴨骨原汁與帶皮的柳橙汁，拌煮至收汁。

5. 熱鍋倒入橄欖油，放入醃鴨腿，將皮煎至上色。

7. 完成後，倒入烤盤中，包上錫箔紙，入烤箱，以溫度 180°C 悶烤 30 分鐘，使鴨肉軟化。

8. 取出悶好的鴨腿放入鍋中，將剛剛烤盤上的油
   汁濾掉雜質後倒入。

11. 煮好的鴨腿肉切片，備用。

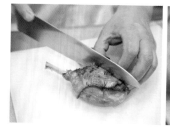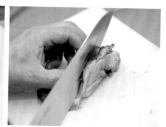

12. 取一餐盤，放上里昂馬鈴薯，模框中放
    進燴法蔬，待整形後，取出模框。

9. 再加入柳橙果肉及柳橙皮，一同拌煮到濃稠收汁。

13. 擺上作法 9 的柳橙果肉，及切片的鴨腿
    肉，淋上醬汁。

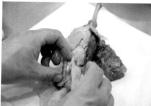

10. 將作法 9 煮至濃稠的汁液濾掉雜質後，加入檸
    檬汁拌勻，即為醬汁。

Roasted Duck Breast With Sauteed Mushroom Red Wine Sauce

炆烤鴨胸肉配蕈菇

{材料}

鴨胸肉 Duck breast	850 公克		
紅酒 Red wine	100cc		
胡椒鹽 Salt& pepper	適量		
紅蔥頭 Shallot	50 公克		
百里香 Thyme	3 公克		
奶油 Butter	30 公克		
鴨骨原汁 Duck grave	200cc		

裝飾物

香菜 Coriander　　　　少許

炒蕈菇（80 公克）
炒蕈菇作法，詳見 p31 頁

可樂餅

麵粉 Flour	適量
蛋液 Egg	適量
麵包粉 Bread crumb	適量

馬鈴薯泥
馬鈴薯泥作法，詳見 p33 頁

{作法}

1. 馬鈴薯泥捏成圓柱狀，沾麵粉，裹上蛋液與麵包粉。

2. 下鍋油炸，油溫為 180°C，炸至金黃色即可。

3. 熱鍋後，倒入奶油與紅蔥頭炒軟，加入白酒
   煮至收汁。

4. 倒入鴨骨原汁，拌煮到濃稠，濾掉雜質
   後撒些許胡椒鹽，為醬汁。

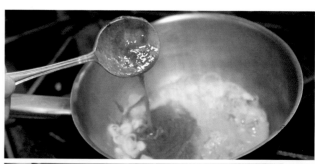

5. 鴨胸肉上的鴨皮劃井字刀紋，倒入紅酒與
   胡椒鹽醃漬。

 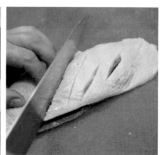

6. 將醃漬的鴨胸肉下鍋煎，皮先煎，待其出油，
   皮呈金黃色。

7. 鴨胸肉煎至 5 分熟後，再放入烤箱，以溫度
   180℃ 烤 6 分鐘，使鴨胸肉至 7 分熟。

8. 烤好的鴨胸肉，切片，備用。

9. 擺盤，餐盤中擺上威廉洋芋、炒蕈菇及切片
   的鴨胸肉，淋上醬汁，以香菜為裝飾。

11

CHAPTER

嚴選甜點
STRICT SELECTION OF DESSERT

19 世紀前的西方社會，品嘗甜點是貴族的專利，市井小民無緣
享用，但時至今日，甜點儼然已成為西餐中重要的一環，不僅相
當普及，在各地也都發展出具有代表性的甜點。

甜點製作基本款
BASIC DESSERT

在甜點世界中，基本款是製作甜點所需具備的內餡、雛型、裝飾，不僅令甜點呈現出美味的口感，在視覺效果上也體現出令人讚嘆的甜點作品。

French Custard
法式卡士達醬

常用於泡芙及蛋糕的內餡。

{材料}

鮮奶 Fresh milk　　500cc
香草條 Vanilla pod 1/2 根
細砂糖 Sugar　　　100 公克
蛋黃 Egg yolk　　　90 公克

低筋麵粉 Cake flour 20 公克
玉米粉 Corn stagch　20 公克
軟化奶油 Butter　　　35 公克

{作法}

1. 先將香草籽自香草條中刮出，放入鍋中與鮮奶一同加熱後，將香草條撈起。
2. 將細砂、低筋麵粉、玉米粉放入容器中過篩拌勻，加入蛋黃拌勻。
3. 作法 1 加入作法 2 鍋中拌煮至沸騰冒泡，最後加入軟化奶油拌勻即可。

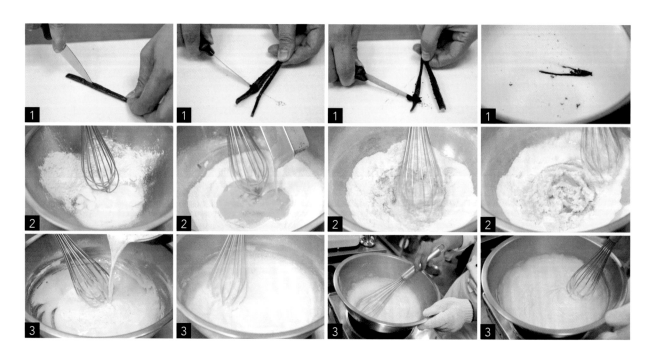

Ganache
加拿許

製作巧克力內餡和淋模巧克力蛋糕使用；
也可拌入奶油霜，成為巧克力奶油霜。

｛材 料｝

鮮奶 Fresh milk　200cc　　　巧克力 Chocolate 500 公克
鮮奶油 Cream　150cc　　　奶油 Butter　　20 公克
葡萄糖漿 Glucose 40cc

｛作 法｝

1. 將鮮奶、鮮奶油、葡萄糖漿放入鍋中，小火煮沸。
2. 煮沸後，沖入巧克力中攪拌。
3. 再加入奶油，用橡皮刮刀拌勻。

Sponge cake
海綿蛋糕

作為蛋糕夾層，或慕斯類蛋糕體的使用。

｛材料｝

全蛋 Whole egg	406 公克	
細砂糖 Sugar	220 公克	
鹽 Salt	2 公克	
低筋麵粉 Cake flour	220 公克	

沙拉油 Corn oil　33cc
含籽香草醬 Vanilla pod jam 5 公克
奶水 Milk　33cc

｛作法｝

1. 細砂糖、鹽一同放入鍋中，隔水加熱至 65℃ 後離火。
2. 再加入全蛋隔水加熱至 40℃，打發至略呈現白色。
3. 將低筋麵粉、香草醬緩緩加入，打至 9 分發。
4. 奶水倒入沙拉油中，再加入作法 3 中拌勻。
5. 拌好麵糊入模或倒到烤盤上，用刮刀加以抹平後，送入烤箱。
6. 以上火 190℃／下火 150℃，烘烤 20 分鐘；再轉向以上火 150℃／下火 130℃ 烘烤 15 分鐘後取出。

Tips: 測量麵糊是否打至 9 分發，可以將麵糊沾附手上，若 5 秒不會滴落即可。
烤盤上的麵糊厚度一樣，避免時間拉長，麵糊消泡。
麵糊入模至送入烤箱的時間不可太久。

Amanda Tarty
杏仁塔皮

適用於各式派類和水果塔等西點製作。

{材料}

奶油 Butter	150 公克	香草籽 Vanilla pod	1/2 根
糖粉 Icing sugar	95 公克	全蛋 Whole egg	1 顆
杏仁粉 Ground Almond	40 公克	泡打粉 Baking powder	1 公克
海鹽 Sea salt	2 公克	低筋麵粉 Cake flour	250 公克

{作法}

1. 將奶油、糖粉、香草籽、海鹽放入容器中,略為打發。
2. 蛋分次加入拌勻後,再加入杏仁粉加以拌勻。
3. 泡打粉、低筋麵粉混和後,與作法 2 拌好的麵團再揉壓成團。
4. 成團後,略為壓扁,蓋上白報紙,放入冰箱冷藏鬆弛 20 分鐘。
5. 將麵團自冰箱取出後,分切小塊,每塊約 180 公克,揉成小團壓扁後加以擀平。
6. 將擀平後的塔皮鋪在模型中壓緊,用刮刀去除邊緣多餘部分,於底部戳小洞。

Tips: 這裡使用的是 6 吋的塔模。
麵團分切成段,每段約 180 公克,擀平放入塔模,除塔模邊緣後約 150 公克。

Mango Dudding
芒果西米布丁

{ 材 料 }

水 Water	200cc		水 Water	500cc
細砂糖 Sugar	50 公克		芒果泥 Mango puree	250 公克
寒天果凍粉 Jelly powder	5 公克		椰奶 A Coconut milk	50cc
鮮奶油 Cream	125cc		椰奶 B Coconut milk	100cc
西谷米 Sago	25 公克		牛奶 Milk	100cc

{ 作 法 }

1. 在煮沸的水中放入西谷米拌煮，待其完全呈透明狀 (中間呈白色) 為熟透，將西谷米撈起，放涼備用。
2. 將水、芒果泥、椰奶 A 一同放入鍋中拌煮，為芒果椰奶。
3. 芒果椰奶煮滾後，加入細砂糖與寒天果凍粉 (兩者混合後需先過篩)，在倒入西谷米，此為芒果布丁液。
4. 芒果布丁液倒入杯中至 8 分滿，送入冰箱冷藏 3 小時。
5. 椰奶 B 與牛奶加熱煮至釋放出椰奶的味道。
6. 再加入西谷米攪拌，倒入冷藏後的芒果布丁杯中，擺上紅醋栗、薄荷葉及糖片。

Tips: 細砂糖和寒天果凍粉一定要先混合一起，因寒天果凍粉顆粒較細，需要先讓其附著在細砂糖上；
且若加入過多的寒天果凍粉會導致凝固。

Mont-Blanc Puff
蒙布朗栗子泡芙

〔材料〕

外殼

水 Water	150cc
牛奶 Milk	150cc
鹽之花 Sea salt	3 公克
細砂糖 Sugar	6 公克
低筋麵粉 Cake flour	185 公克

奶油 Butter	135 公克
全蛋 Whole egg	285 公克

內餡

卡士達醬 French custard 250 公克
卡士達將作法詳見 p226 頁

軟化奶油 Butter	400 公克
栗子醬 Chestnut	1 公斤
蘭姆酒 Rum	60cc
打發的動物鮮奶油 UHT cream	160 公克

〔作法〕

1. 奶油、牛奶、鹽之花、細砂糖放入鍋中，小火煮沸。
2. 低筋麵粉加入作法 1 中，翻炒至糊化。
3. 麵糊放入攪拌鋼中，攪拌降溫，降溫後分次加入全蛋，打至將麵糊拉起時呈現倒三角狀即可。
4. 麵糊倒入擠花袋，在舖有矽利康片的烤盤上擠出長形的麵糊；送入烤箱，以上火 180°C ／下火 190°C 烘烤 30 分鐘後取出。
5. 內餡：栗子醬、軟化奶油放入容器中拌勻，加入打發的動物鮮奶油與蘭姆酒即為栗子醬，過篩後，倒入擠花袋備用。
6. 將烘烤過的泡芙殼切半，擠入卡士達醬，放一片巧克力後，先擠上卡士達醬再擠上栗子醬。
7. 將作法 6 撒上可可粉與糖粉，擺上草莓，刷果膠，放上藍莓及巧克力片。

Blueberry Puff
藍莓泡芙

{材料}

外殼

水 Water	150cc	奶油 Butter	135 公克
牛奶 Milk	150cc	全蛋 Whole egg	285 公克
鹽之花 Sea salt	3 公克		
細砂糖 Sugar	6 公克	**內餡**	
低筋麵粉 Cake flour	185 公克	藍莓醬 Blueberry jam	100 公克
		白蘭地 Brandy	10cc

檸檬汁 Lemon juice　　10 公克
卡士達醬 French custard 200 公克
卡士達醬材料、作法，詳見 p226 頁

{作法}

1. 奶油、牛奶、鹽之花、細砂放入鍋中，小火煮沸。
2. 低筋麵粉加入作法 1 中，翻炒至糊化。
3. 麵糊放入攪拌鍋中，攪拌降溫，降溫後分次加入全蛋，打至將麵糊拉起時呈現倒三角狀即可。
4. 麵糊倒入擠花袋，在舖有矽利康片的烤盤上擠出圓形的麵糊；送入烤箱，以上火 180℃ ／下火 190℃ 烘烤 30 分鐘後取出。
5. 將卡士達醬、藍莓醬拌勻後，加入檸檬汁 (提酸味)、白蘭地酒攪拌，完成後裝入擠花袋備用。
6. 將烤好的泡芙頂部切掉 1/3，擠入藍莓醬，撒上糖粉，擺上數顆藍莓。
7. 蓋上泡芙殼；盤中以藍莓餡為裝飾，放上開心果碎立及覆盆子。

Apricot Custard Cake
杏桃卡士達蛋糕

{材料}

杏桃杏仁膏 Apricot almond paste 200 公克　　低筋麵粉 Cake flour　25 公克　　杏桃 Apricot　　適量

全蛋 Whole egg　2 個　　融化奶油 Melting butter　70 公克　　卡士達醬 French custard 適量

蛋黃 Egg yolk　2 個　　蛋白 Egg white　55 公克　　卡士達醬作法，詳見 p226 頁

桔子丁 Orange peel　80 公克　　奶油 Butter　適量

高筋麵粉 Bread flour　25 公克　　杏仁片 Almond slices　適量

{作法}

1. 將杏桃杏仁膏攪拌至軟後，分次加入全蛋、蛋黃，打至發白。

2. 高筋麵粉、低筋麵粉均勻混和後，放入桔子丁略為抓拌弄散，加入作法 1 中加入拌勻備用。

3. 將蛋白打至乾性發泡後，加入作法 2 拌勻，再加入溶化奶油拌勻後，為麵糊，將其倒入擠花袋。

4. 麵糊擠入模中，送入烤箱，以上火 180℃／下火 150℃ 烘烤 30～35 分鐘。

5. 烤好的蛋糕取出脫模，底部略為切平。

6. 卡士達醬裝入擠花袋中，擠到蛋糕上。

7. 用噴槍在杏桃表面噴出焦色後，與草莓、奇異果一同裝飾到蛋糕上，最後擺上香草莢，即完成。

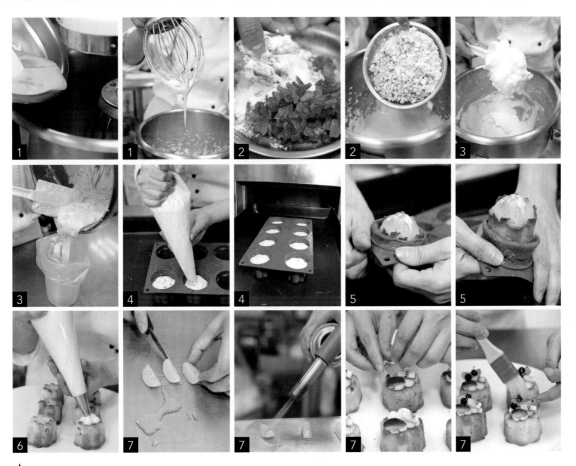

Tips: 因杏桃杏仁膏本身即具甜味，此款蛋糕在製作過程中不需再添加砂糖。

{材 料}

杏仁粉（不過篩）Ground almond	80 公克	奶油 Butter	300 公克
低筋麵粉 Cake flour	120 公克	榛果粉（不過篩）Ground hazelnut	40 公克
糖粉 Icing sugar	350 公克	杏仁片 Almond slices	適量
蛋白 Egg white	300 公克		

{作 法}

1. 把低筋麵粉、糖粉、榛果粉、杏仁粉和蛋白拌勻後備用。

2. 奶油以小火煮至焦化，呈現焦香味（油浮上來，底部焦黑），過濾。

3. 過濾後的焦化奶油加入作法 1，加以攪拌均勻，即成蛋糕糊，倒入擠花袋。

4. 將烤盤與模型噴上烤盤油，蛋糕糊擠入模中，表面鋪上杏仁片後送入烤箱，以上火 210℃／下火 220℃ 烘烤 12 ～ 15 分鐘即完成。

Caramel Figs Cake
焦糖無花菓蛋糕

｛材料｝

奶油 Butter	175 公克	低筋麵粉 Cake flour	225 公克	蔓越莓乾 Dry cranberry	40 公克
蛋黃 Egg yolk	60 公克	泡打粉 Baking powder	3 公克	無花果乾 Dry figs	150 公克
細砂糖 A Sugar	150 公克	蛋白 Egg white	60 公克	紅酒 Red wine	100cc
水 Water	40 公克	細砂糖 B Sugar	50 公克		
動物性鮮奶油 UHT cream	95 公克	核桃 Walnut	40 公克		

｛作法｝

1. 將無花果乾放入紅酒中，浸泡一個晚上。
2. 鍋中放入細砂糖 A、水，小火煮至金黃色後，加入鮮奶油拌勻，待其降溫冷卻，即成太妃糖。
3. 奶油打發後，分次加入蛋黃同打，再分次加入太妃糖拌勻。
4. 低粉和泡打粉過篩後，加入拌勻；再放入切片的無花果、核桃、蔓越莓乾拌勻。
5. 將蛋白與細砂糖 B 拌勻後，打至濕性發泡後加入作法 4 中拌勻。
6. 將麵糊放入水果條模中，表面放上無花果乾，即可送入烤箱，以上火 200℃／下火 180℃ 烘烤 35 ～ 40 分鐘。
7. 從烤箱取出脫模，在表面均勻塗上鏡面果膠，撒上糖粉，再以開心果、玫瑰花瓣、巧克力裝飾，即完成。

Tips: 太妃糖煮好後務必待其降溫冷卻，避免加入作法 3 時讓奶油融化。

Sesame Barley Cake With Pistachios
開心果芝麻薏仁蛋糕

｛ 材 料 ｝

蛋糕

軟化奶油 Butter	125 公克
糖粉 Icing sugar	125 公克
杏仁粉 Ground almond	125 公克
馬鈴薯澱粉 Potato starch	20 公克
全蛋 Whole egg	100 公克
開心果（碎）Pistachios chopped	50 公克

內餡

芝麻醬 Sesame jam	150 公克
杏仁膏 Almond paste	30 公克
熟薏仁 Barley	100 公克
卡士達醬 French custard	300 公克

卡士達醬作法，詳見 p226 頁

｛ 作 法 ｝

1. 軟化奶油，以小火加熱至稠狀即可，不需完全融化。

2. 全蛋打散，分次將糖粉、杏仁粉、馬鈴薯澱粉加入拌勻。

3. 拌勻加入軟化奶油攪拌後，再加入開心果碎，
   用打蛋器加以拌打均勻，即成麵糊。

4. 麵糊倒入烤盤中，用刮刀將表面抹平後送入烤箱，
   以上火 200°C ／下火 200°C 烘烤 15 分鐘。

5. 將杏仁膏和芝麻醬一同拌軟，至杏仁膏無顆粒狀。
   再加入卡士達醬、薏仁，加以攪拌均勻，為內餡。

6. 烤好的蛋糕取出後，切成寬約 5 公分的長條。

7. 將內餡裝入擠花袋，擠至底層蛋糕上，再蓋上
   一層蛋糕。重複此動作，共擠 3 層。

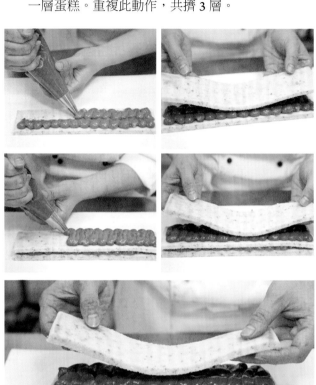

8. 完成後將蛋糕冷凍 6 小時。
9. 取出冷凍後的蛋糕，上層塗抹鏡面果膠，鋪上
   開心果碎，擺放無花果、草莓、藍莓。

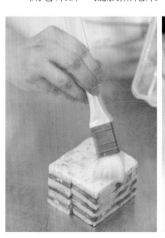 

10. 再撒上糖粉，水果表面塗抹鏡面果膠，綴上白
    巧克力與金箔，即完成。

Tips: 這款蛋糕全程手拌即可，不需使用機器打發。

Strawberry Banana Crepe
草莓香蕉可麗餅

{ 材 料 }

餅皮

細砂糖 Sugar	75 公克
鹽 Salt	1 公克
全蛋 Whole egg	220 公克
牛奶 Milk	220cc
沙拉油 Corn oil	100cc
低筋麵粉 Cake flour 100 公克	

內餡

草莓 Strawberry	適量
香蕉 Banana	1 條
藍莓 Blueberry	適量
卡士達醬 French custard	適量

卡士達醬作法，詳見 p226 頁

{ 作 法 }

1. 將全蛋打散後、依次加入細砂糖、低筋麵粉、牛奶、沙拉油、鹽拌勻。
2. 將麵糊過篩，避免結粒，再略為攪拌消泡，靜置 2 小時。
3. 平底鍋熱鍋後，將麵糊倒入鍋中呈薄層狀，小火將麵糊烘煎至表皮紋路上色，即可起鍋。
4. 將未上色的餅皮面朝上，擠上卡士達醬，排放上草莓、香蕉、藍莓，再擠上卡士達醬。
5. 將餅皮捲起，最後於邊緣塗上適量卡士達醬封口。

Tips: 麵糊靜置 2 小時可讓麵糊乳化更完全，麵糊本身更均勻。
煎可麗餅時鍋中不需加油，倒入麵糊後，小火烘煎至表皮紋路均勻上色即可。

Riza mande Fruit Tart

理查曼地水果塔

{材料}

內餡

奶油 Butter	125 公克
杏仁粉 Ground almond	125 公克
糖粉 Sugar	125 公克
全蛋 Whole Egg	1 顆

低筋麵粉 Cake flour 20 公克	
草莓 Strawberry	適量
無花果 Figs	適量
杏桃 Apricot	適量
紅醋栗 Red currant	適量

塔皮

Fillo 麵皮 Fillo pastry	適量
烤過椰子粉 Coconut powder	適量
奶油 Butter	適量
卡士達醬 French custard	200 公克

卡士達醬作法，詳見 p226 頁

{作法}

1. 奶油、杏仁粉、糖粉一同打發。
2. 將蛋、低粉依次加入，分別拌勻後即為內餡。
3. 將 Fillo 麵皮裁成 10×10 公分，刷上奶油，撒上椰子粉，重複動作，將麵皮疊成 3 層。
4. 疊好後，放進模型中。
5. 將內餡裝入擠花袋後，擠入鋪好的麵皮中，送入烤箱，以上火 200°C ／下火 200°C 烘烤 20 分鐘。
6. 自烤箱取出後待冷卻，擠上卡士達醬，撒上糖粉。
7. 杏桃以噴槍燒烤上色後擺上，放上草莓、無花果、黑莓、紅醋栗，裝飾上香草莢，即完成。

Tips: Fillo 麵皮用完後需將剩餘部分立即封起，避免乾掉。

Caramel Apple Pie

焦糖蘋果派

{材 料}

杏仁奶油餡

奶油 Butter	100 公克
糖粉 Sugar	80 公克
全蛋 Whole egg	55 公克
蛋黃 Egg yolk	20 公克
香草籽 Vanilla pod	3 公克
杏仁粉 Ground almond	120 公克

糖炒蘋果餡

奶油 Butter	35 公克
蘋果丁 Apple cubes	350 公克
檸檬汁 Lemon juice	10cc
細砂糖 Sugar	30 公克
白酒 White wine	10cc

蘋果派表面

蘋果切片 Apple cut in slices	1.5 顆
糖 Sugar	20 公克
肉桂粉 Cinnamon powder	20 公克
香草籽 Vanilla pod	50 公克
蛋黃 Egg yolk	50 公克
杏仁塔皮 Amanda Tart	2 個

杏仁塔皮作法，詳見 p229 頁

{作 法}

1. 奶油、糖粉、香草籽放入容器中一同打發。
2. 蛋、蛋黃分次加入作法 1 拌勻，再加入杏仁粉攪拌，即為杏仁奶油餡。
3. 將奶油、細砂糖放入鍋中，小火慢煮成焦糖。
4. 加入蘋果丁炒軟，待竹籤可輕易刺入蘋果丁的程度。
5. 倒入白酒、檸檬汁同煮，拌勻後收汁成濃稠狀時關火，倒入盤中，為蘋果餡。
6. 將杏仁奶油餡裝入擠花袋，以繞圈方式擠入塔皮。
7. 擠完後，把蘋果餡均勻鋪上，再擠上一層杏仁奶油餡。
8. 最後表面整齊排放蘋果片，先塗抹上一層奶油，待表面乾後塗上蛋黃。
9. 送入烤箱，以上火 200°C／下火 200°C 烘烤 25～30 分鐘，至表面上色。

Banana Coffee Cheese

香蕉咖啡起司

{ 材 料 }

起司餡

奶油起司 Cream cheese	500 公克	
細砂糖 A Sugar	105 公克	
細砂糖 B Sugar	30 公克	
全蛋 Whole egg	175 公克	
咖啡醬 Coffee sauce	10 公克	

鮮奶油 Cream	30cc
香蕉 Banane	1 根

餅乾底

消化餅 Digestive biscuit	200 公克
奶油 Butter	120 公克

{ 作 法 }

1. 將消化餅乾壓碎，奶油融化後，加以拌勻。

2. 在圓形模框底部包覆保鮮膜，將作法 1 平鋪烤模底部，並加以壓實，為餅乾底。

3. 奶油起司分成小塊，捏軟後放入容器中，加入細砂糖拌打，至表面滑順。

4. 全蛋分次加入拌勻，再分別倒入咖啡醬、鮮奶油攪拌，為起司餡。

5. 將起司餡放入壓了餅乾底的烤模中，以橡皮刮刀將起司餡的表面稍微整勻。

6. 送入烤箱，以上火 140℃／下火 140℃ 烘烤 50 分鐘。

7. 取出烤好的起司蛋糕，脫模時可略壓蛋糕，使之透氣，再用小刀輕刮模框邊緣，讓其輕易脫模。

8. 蛋糕側邊塗抹鏡面果膠，黏貼上杏仁片。

9. 蛋糕表面亦塗上一層鏡面果膠。

10. 將咖啡醬與果膠調和，以湯匙淋於蛋糕
    表面，再輕輕抹開。

11. 香蕉切小段，均勻沾裹細砂糖，以噴
    槍約略燒烤上色後。

12. 將烤好的香蕉平鋪蛋糕表面，再裝
    飾上巧克力與咖啡豆。

Tips: 作法 3 中拌打奶油起司與細砂糖時，
打至表面滑順即可，若打太發，烤好
的蛋糕容易裂開。

這邊所用的烤模為 6 吋，故烤溫為上
火 140℃／下火 140℃；若使用 8 吋烤
模，則為上火 150℃／下火 140℃。

Ricotta Cheese
低脂瑞可達起司塔

{材料}

瑞可達

瑞可達 Ricotta	190 公克	**沙布蕾**		
鮮奶油 Cream	50cc	低筋麵粉 Cake flour	50 公克
細砂糖 Sugar	40 公克	高筋麵粉 Bread flour	50 公克
蛋黃 Egg yolk	1 顆	細砂糖 Sugar	90 公克
吉利丁片 Gelatin	5 公克	杏仁粉 Ground almond	100 公克
打發的動物鮮奶油 UHT cream	110 公克	海鹽 Sea salt	1 公克
葡萄乾 Raisin	25 公克	無鹽奶油 Unsalted butter	30 公克
蘭姆酒 Rum	15cc		
柳橙皮 Orange peel	1/2 顆		

{作法}

1. 瑞可達起司、細砂糖、鮮奶油放入鍋中,隔水加熱以小火拌煮至 80°C 時關火。

3. 細砂糖與蛋黃略為打發,倒入作法 2 拌勻,加入打發的動物鮮奶油。

2. 加入以冰水泡軟的吉利丁片。

4. 再放入柳橙皮、蘭姆酒、葡萄乾加以拌
   勻後，即為瑞可達起司餡。

5. 將瑞可達起司餡倒入擠花袋備用。
6. 無鹽奶油、細砂糖、榛果醬、海鹽、杏仁粉、
   低筋麵粉與高筋麵粉均勻混合。

7. 混合後用手拌勻成團狀，放進冷藏約 1
   小時取出，放進烤箱以上火 180℃ ／下
   火 180℃ 烘烤 15 分鐘。

8. 從烤箱取出後放至微硬再炒，在烤盤上
   炒（每 5 分鐘炒一次），炒至似消化餅為
   止，為沙布蕾。

9. 把沙布蕾倒入模框中，以包裹保鮮膜的
   麵棍壓平。

11. 取出後在表面塗上果膠；用噴槍微噴模
    框，使其較易脫模。

10. 再擠入瑞可達起司餡，用抹刀整型，
    放進冰箱冷藏。

12. 將起士塔放置盤中，擺上刷上果膠的糖片、
    草莓、藍莓、奇異果及微烤過的水蜜桃片。

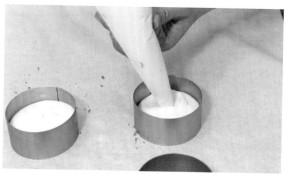

Truffle chocolate
松露巧克力

{ 材料 }

55% 巧克力 55%chocolate	280 公克
轉化糖漿 Glucose	45cc
動物鮮奶油 Cream	230cc
奶油 Butter	45 公克
防潮可可粉 Moisture resistant cocoa powder	適量

{ 作法 }

1. 動物鮮奶油加熱後，倒入轉化糖漿。
2. 再將作法 1 沖入 55% 巧克力中拌勻。
3. 拌勻後放入奶油攪拌，倒入烤盤中，放進冷凍約 2 小時。
4. 從冷凍取出後，將其切小塊，搓成圓球狀。
5. 表面均勻沾裹過篩的可可粉即成松露巧克力。

Tips: 作法 3，倒入奶油後也可用均質機打至光滑，較不會產生氣孔。

Hazelnut chocolate
榛果巧克力磚

〔材料〕

巧克力蛋糕

杏仁膏 Almond paste	250 公克
蛋黃 Egg yolk	235 公克
低筋麵粉 Cake flour	75 公克
可可粉 Cocoa powder	30 公克
蛋白 Egg white	190 公克
細砂糖 Sugar	100 公克
融化奶油 Melting butter	65 公克

榛果巧克力醬

榛果醬 Hazelnut paste	20 公克
加拿許 French custard	200 公克

〔作法〕

1. 將杏仁膏、蛋黃一同打發至呈現白色。
2. 融化奶油煮至焦化，過濾後備用。
3. 蛋白、細砂糖打至濕性發泡，加入作法 1 中略為攪拌。再倒入低粉與可可粉拌勻。
4. 焦化的融化奶油加入作法 3 中拌均勻，放入長形烤盤，用橡皮刮刀鋪勻抹平。
5. 抹平後送進烤箱，以上火 200°C／下火 180°C 烘烤 20～25 分鐘，烤好後為巧克力蛋糕。
6. 榛果醬加入加拿許打發成霜狀即為榛果巧克力醬，裝入擠花袋備用。
7. 巧克力蛋糕切成長條狀，寬約 4 公分。
8. 蛋糕擠上榛果巧克力醬，並均勻抹平；重複以上動作 3 次，再疊上蛋糕。
9. 將其切成 4×4 公分的方塊狀。
10. 完成後表面擠上榛果巧克力醬，擺上巧克力脆餅，撒上糖粉，放上塗上果膠的草莓與藍莓，最後插上巧克力。

Chocolate Lava
熔岩巧克力

｛材料｝

72% 黑巧克力 72%chocolate	65 公克		上白糖 Soft white sugar	75 公克
64% 黑巧克力 64%chocolate	65 公克		低筋麵粉 Cake flour	80 公克
奶油 Butter	25 公克		玉米粉 Corn starch	23 公克
細砂糖 Sugar	75 公克		全蛋 Whole egg	165 公克

｛作法｝

1. 把 72% 與 64% 的黑巧克力隔水加熱融化，加入奶油拌勻。
2. 拌勻後，放入細砂糖、上白糖，再加入低粉、玉米粉及全蛋攪拌均勻，為巧克力糊。
3. 倒入擠花袋中備用。
4. 烤模噴灑烤盤油後，把巧克力糊擠入模中 (約 8 分滿)，冷凍 3 小時候。
5. 再送入烤箱，以上火 240°C ／下火 220°C，烘烤 7 ～ 8 分鐘後，將烤模轉向，再烘烤 2 分鐘。
6. 烤完取出後須立即脫模，避免中間塌陷。
7. 將湯匙加熱後，挖一杓馬斯卡碰起司擺上作為裝飾，再撒上可可粉及放紅醋栗。

Ricotta Cheese Marcaron

香草瑞可達馬卡龍

{ 材 料 }

馬卡龍
蛋白 Egg white	110 公克
糖 Sugar	180 公克
杏仁粉 Ground almond	130 公克
糖粉 Icing sugar	130 公克
香草籽 Vanilla pod	3 公克

內餡
蛋黃 Egg yolk	40 公克
細砂糖 Sugar	75 公克
水 Water	20cc
奶油起司 Cream cheese	100 公克
奶油 Butter	100 公克

果膠粉 Pectin	10 公克
瑞可達起司 Ricotta cheese	100 公克
香草籽 Vanilla pod	少許

{ 作 法 }

1. 蛋白和細砂糖隔水加熱至 45℃。

2. 加熱後,打至濕性發泡,打發時間約 10 分鐘, 讓溫度降至 35℃。

3. 打發至拉起時需有硬度,似鳥嘴狀。

4. 把過篩的杏仁粉與糖粉倒入打發好的蛋白 中,用橡皮刮刀拌勻。

5. 再加入香草籽，拌至成流動狀。

6. 將作法 5 裝入擠花袋，在烤盤上鋪上矽利康墊片分別擠成 10 元硬幣大小。

7. 完成後，把烤盤送入烤箱，先以上火 150°C ／下火 140°C 烘烤 9 分鐘，拉氣門 (若無氣門，可開一小縫察看)，再以上火 0°C 烘烤 6 分鐘後取出。

8. 蛋黃打發，需打發至乳沫狀。

9. 細砂糖、水一同煮沸至 118°C，倒入
   打發的蛋黃中。

10. 再加入瑞可達起司、奶油起司，
    一同打發。

11. 最後倒入果膠粉，使其凝固成膠狀，
    加入香草籽拌勻，即成內餡。

12. 在馬卡龍的外殼塗上金粉，作為裝
    飾，且將內餡擠入烤好的馬卡龍中。

Green tea And Pumpkin Mousse
抹茶南瓜慕斯

｛材料｝

南瓜慕斯

南瓜泥 Pumpkin	120 公克
糖粉 Icing sugar	50 公克
打發的動物性鮮奶油 UHT cream	360 公克
吉利丁片 Gelatin	8 片

抹茶蛋糕

蛋黃 Egg yolk	200 公克	杏仁粉 Ground almond	250 公克
全蛋 Whole egg	125 公克	抹茶粉 Green tea powder	50 公克
細砂糖 A Sugar	200 公克	低筋麵粉 Cake flour	50 公克
蛋白 Egg white	300 公克	融化奶油 Melting butter	125 公克
細砂糖 B Sugar	100 公克	融化奶油	125 公克

｛作法｝

1. 蛋黃、全蛋、細砂糖 A 放入鋼盆中一同打發。

3. 拌勻後，加入杏仁粉、抹茶粉、低筋麵粉，再放入融化奶油攪拌。

2. 蛋白與細砂糖 B 打至濕性發泡，再與作法 1 攪拌均勻。

4. 攪拌完成後，倒入舖有烤盤紙的烤盤中，以手指及橡皮瓜刀整型。

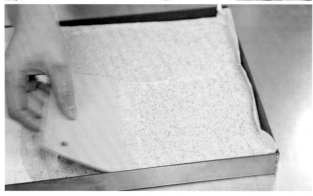

5. 送入烤箱，以上火 200°C ／下火 150°C，烘烤 15 ～ 20 分鐘後取出，為抹茶蛋糕。

6. 抹茶蛋糕以圓形模框壓出圓形。

7. 將南瓜泥、糖粉放入容器中拌勻加熱，再倒入以冰水泡軟的吉利丁片。

8. 拌入打發後的動物性鮮奶油即成南瓜慕斯，裝入擠花袋中備用。

9. 在矽利康模型墊中擠入慕斯，以小型抹刀將模型墊周圍抹勻，放入一片抹茶蛋糕，擠入慕斯，再放一片蛋糕。

10. 完成後送入冷凍。

11. 取出冷凍後的慕斯蛋糕，脫模後撒上南瓜粉，擠上抹茶醬，點上食用金箔紙。

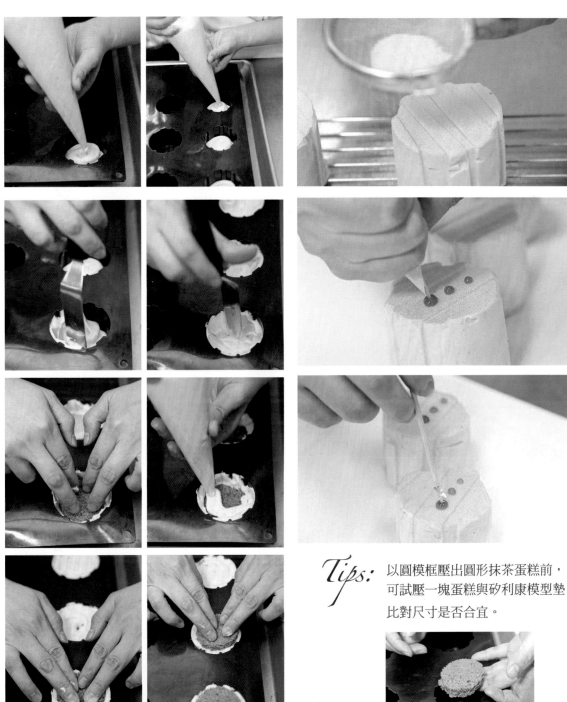

Tips: 以圓模框壓出圓形抹茶蛋糕前，可試壓一塊蛋糕與矽利康模型墊比對尺寸是否合宜。

Vanilla Mousse
香草菲柔慕斯

{材料}

蛋黃 Egg yolk	125 公克	吉利丁片 Gelatin	25 公克
細砂糖 A Sugar	45 公克	打發的動物性鮮奶油 UHT cream	625 公克
細砂糖 B Sugar	85 公克	海綿蛋糕 Sponge cake	適量
鮮奶 Fresh milk	310cc	海綿蛋糕做法詳見 p228 頁	
香草莢 Vanilla pod	0.5 公克	Fillo 麵皮 Fillo pastry	適量

{作法}

1. 將鮮奶、細砂糖 A、香草莢放入鍋中，小火煮沸。

2. 蛋黃、細砂糖 B 倒於容器中，打發至呈現乳白色。

3. 打發後加入作法 1 中拌勻，也將泡冰水軟化後的吉力丁放入其中攪拌。

4. 再拌入打發的動物性鮮奶油，攪拌均勻即成香草慕斯，裝入擠花袋中備用。

5. 先在模具中放上一片較厚的海綿蛋糕作為基底，擠入些許慕斯後放入較薄片的海綿蛋糕，重複此動作一次，最後再擠些慕斯。

6. 完成後，用抹刀將表面抹平，放入冷凍。

7. 取出冷凍過的慕斯蛋糕，脫模後，捲上以剪成長條狀的 Fillo 麵皮，以鮮奶油為黏著劑。

8. 再使用小片的 Fillo 麵皮摺成花瓣狀，裝飾頂部；最後用火槍微噴，使其增色。

Tiramisu

提拉米蘇

｛材 料｝

提拉慕斯

蛋黃 Egg yolk	65 公克
細砂糖 A Sugar	100 公克
水 Water	50cc
吉利丁片 Gelatin	10 公克
馬斯卡碰 Mascarporne	500 公克
打發的動物鮮奶油 UHT cream	500 公克

手指蛋糕

蛋黃 Egg yolk	60 公克
細砂糖 B Sugar	100 公克
鹽 Salt	2 公克
蛋白 Egg white	120 公克
細砂糖 C Sugar	100 公克
低筋麵粉 Cake flour	180 公克
玉米粉 Corn starch	20 公克

｛作 法｝

1. 蛋黃、細砂糖 B 放入容器中打發。

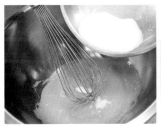

2. 鹽、蛋白、細砂糖 C 一同打至濕性發泡後，分批拌入作法 1 攪拌。

3. 攪拌後，加入過篩的低筋麵粉與玉米粉，拌勻。

4. 拌勻的麵糊倒入擠花袋中，在烤盤上擠成螺旋狀大小，撒上糖粉。

5. 烤盤送入烤箱，以上火 200℃／下火 200℃ 烘
   烤 10 分鐘後取出，為手指蛋糕。

6. 細砂糖 A、水放入鍋中，煮沸至 118℃。

7. 煮沸後，加入打發的蛋黃攪拌，再放入
   吉利丁片拌均勻。

8. 拌勻後，倒入馬斯卡彭起司與打發的動物
   性鮮奶油一同攪拌，即成提拉慕斯，倒入
   擠花袋備用。

9. 杯中擠入提拉慕斯，放進手指餅乾，在餅乾
   上刷上咖啡酒；重複以上動作至滿於杯面。

11. 撒上可可粉，擺上馬卡龍與塗上果膠的
草莓及酒漬黑櫻桃，放入冷藏即完成。

10. 最後再用抹刀將提拉慕斯抹平。

Tips: 調製咖啡酒：將水 90cc、糖 135 公克、咖啡 90cc、卡魯哇咖啡酒 30cc 及威士忌 30cc 混
合均勻即為咖啡酒。
傳統的提拉米蘇只撒上可可粉，不會有任何裝飾。

Cassate Cake Roll
卡沙達蛋糕捲

{材料}

蛋糕

蛋白 Egg white	8 份
細砂糖 A Sugar	200 公克
蛋黃 Egg yolk	8 顆
細砂糖 B Sugar	100 公克
低筋麵粉 Cake flour	150 公克
玉米粉 Corn starch	50 公克
溫水 Warm water	50 公克

內餡

瑞可達起司 Ricotta cheese	750 公克
糖粉 Icing sugar	130 公克
苦甜巧克力（碎）Bitter sweet chocolate chopped	50 公克
蜜果皮 Fruitcake mix	30 公克
葡萄乾 Raisin	40 公克
開心果（碎） Pistachio chopped	20 公克
吉利丁 Gelatin	20 公克
打發動物性鮮奶油 UHT cream	300 公克

{作法}

1. 將蛋白、細砂糖 A 一同打至乾性發泡。

2. 蛋黃、細砂糖 B 一同打發呈水滴狀。

3. 溫水加熱至 60°C，沖入低粉、玉米粉，拌勻至無顆粒狀。

4. 加入作法 2 打發的蛋黃拌勻後，再加入作法 1 打發的蛋白拌勻，即成麵糊。

5. 麵糊倒入烤盤中抹平,送入烤箱,以上火200℃/下火180℃,烘烤10～12分鐘,為蛋糕。

6. 瑞可達起司、糖粉一同拌打至表面呈現光滑狀。

7. 將吉利丁隔水加熱融化,過程中需不斷攪拌,待吉利丁融化後,加入作法6中拌勻。

8. 拌勻後,加入瑪麗酒,放入巧克力碎、蜜果皮、葡萄乾、開心果碎攪拌均勻。

9. 最後再拌入打發的動物性鮮奶油，即完成內餡。

10. 烤好的蛋糕體切半，將內餡鋪上後捲起，送入冰箱冷凍。

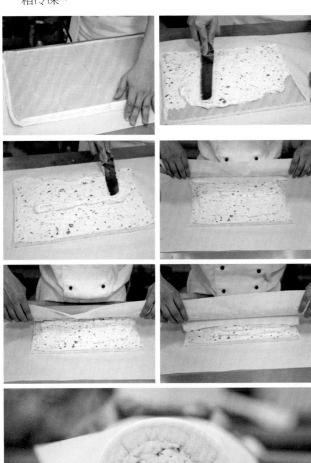

11. 取出冷凍後的蛋糕捲，擠上馬斯卡碰起司，再放上水果等裝飾。

12. 在水果上薄刷一層鏡面果膠，撒上可可粉、糖粉。

Tips: 製作蛋糕體的過程中所加入的溫水，讓此款義式溫種蛋糕的口感較 Q。
在蛋糕體上鋪內餡時可適量增加，使口感更扎實。

附錄
SELECTED RECIPE

1 蔬菜切割法

基本切割法：

塊 cube
約 2 公分不規則正方形，常用在製作高湯或
基本的沙司或烤大型肉類時用，如雞高湯、
褐色牛骨湯、燒烤牛肉等。

大丁 large diced
約 1.5 公分正方形，通常用於製作高湯或
沙司或烤小型家禽及肉類，如肉汁、烤雞、
燒烤豬排等。

丁 diced
約 1 公分正方形，通常用在主菜的配飾、沙
拉或沙司使用，如用燴法蔬或蘋果柳橙蜜醬
之蘋果的切法。

中丁 medium diced
約 0.6 公分正方形，通常用在主菜的
配飾、釀餡或沙司用。

小丁 small diced
約 0.3 公分正方形，通常用在主菜的裝
飾、釀餡或沙司用。

丁片 paysanne
約 1.5 公分正方形切成 6 片，通常用在
各式蔬菜湯中與主菜的配菜。

從塊到丁

絲 julinne
切成厚度約 0.1 ～ 0.2 公分，t 長度約 5 公分之細條稱之為絲。通常用於醬汁或湯的配飾等。

碎 chopped
先切成片狀，再切成絲，然後再切成碎狀，通常用在炒醬汁、炒蔬菜、或配飾等。

火柴棒 matchstick
切小丁之前時常用到，可製作醃漬泡菜。

其他類蔬菜切割法：

① 蒜苗切片

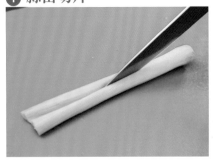 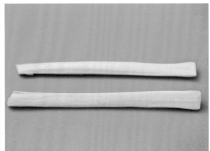 

1. 縱向對半剖開。　　　　　2. 剖開為 2 半後。　　　　　3. 再將其切片。

② 馬鈴薯切片

1. 對半切開。　　　　　2. 切薄片即可。

③ 高麗菜切丁

1. 高麗菜切成大片，先壓平。　2. 順著高麗菜邊切條。　　3. 再切成丁。

❹ 洋蔥碎的切法

1. 對半切，縱切留約 1/5 不要切斷。

2. 將切成片的洋蔥，稍稍按緊，使其不要散開。

3. 切碎。

❺ 番茄去皮取肉去籽

1. 削皮。

2. 去皮後，將頭尾切去，用平刀沿著番茄果肉層切下，取果肉。

3. 取果肉後，即可去籽。

橄欖型雕刻法

1. 切成如圖的三角弧柱體。

2. 手掌握刀。

3. 拇指頂在紅蘿蔔內面，從三角的一角先削。

4. 從外削到內，把三個角削成有弧形。

5. 削下來的皮肉形狀。

6. 比較圖，從右開始削至左為完成。

7. 完成圖。

2 吉利丁片使用示範

吉利丁片：

分為動物膠與植物膠，主要功能為使食材凝結，最常用於製作慕斯。

步驟

1. 容器中倒入冰水，裝入少許冰塊。
2. 將吉利丁片放入裝有少許冰塊的冰水容器中。
3. 吉利丁片浸泡至軟化後才可使用。
4. 待吉利丁片軟化後，即可放入需使用的食材中拌勻。

 吉利丁片放入冰水中浸泡需超過 10 分鐘使其完全軟化，否則會使製作出的成品易乾硬。

3 花嘴與擠花袋示範

花嘴與擠花袋：

擠花袋搭配不同的花嘴可擠出不同
造型的奶油霜飾。

步驟

1. 撐開擠花袋。

2. 放入花嘴。

3. 將花嘴拉至尖端。

4. 將尖端剪一小洞。

5. 拉出花嘴。

6. 將擠花袋撐開反折 1/3。

7. 撐開擠花袋。

8. 填入餡料。

9. 將擠花袋口折起,將鮮
   奶油慢慢幾至尖端。

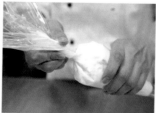

10. 扭轉擠花袋口。

11. 右手出力,左手大拇指與食指握住花嘴上
    方,以控制力道及擠出的量的多寡。

4 溫度、重量換算與食品保存

溫度對照表
TEMPERATURE CONVERSION

電烤箱攝氏溫度°C	電烤箱華氏溫度 F
50°C	122 °F
80°C	176 °F
100°C	212 °F
130°C	266 °F
150°C	302 °F
180°C	356 °F
210°C	410 °F
240°C	464 °F
270°C	518 °F
300°C	572 °F

食品保存期限
FOOD PRESERVED

肉類與海鮮類有效冷藏與冷凍期限

類別	冷藏	冷凍
牛肉	3～5(日)	6～12(月)
羊肉	3～5(日)	6～12(月)
豬肉	3～5(日)	3～6(月)
家禽	3～5(日)	3～6(月)
海鮮	3～5(日)	2～4(月)

常用重量單位換算 WEIGHTS CONVERSION

固體類／油脂類

1（量）杯 = 16 大匙		= 227 公克 (g)
1 大匙	= 15 公克 (g)	
1 小匙	= 5 公克 (g)	
1 磅 (lb)	= 454 公克 (g) = 16 盎司 (oz)	=約 12 兩
1 盎司	= 28.37 公克 (g)	
1 公斤 (Kg) = 1000 公克 (g)	= 2.2 磅	
1 台斤	= 16 兩 = 600 公克 (g)	
1 兩	= 10 錢 = 37.5 公克 (g)	
1 錢	= 3.75 公克 (g)	

液體類

1（量）杯	=16 大匙	=240 毫升 (cc)
1 大匙	=15 毫升 (cc)	
1 小匙	=5 毫升 (cc)	

5 西餐常用食材中英文對照表

肉類 MEAT

牛肉 BEEF

頸肩部 CHUCK
頸部肉 NECK
肩部肉 SHOULDER
肩胛里肌 CHUCK TENDER
肩胛小排 CHUCK SHORT RIB

肋排部 RIB
帶骨肋里牛肉 RIB ROAST
肋骨牛排：RIB STEAK
肋眼牛排 RIB EYE STEAK
肋眼條肉 RIB EYE ROLL
肋骨小排 SHORT RIB

前部腰肉 SHORT LOIN
條肉 STRIPLOIN
沙朗牛排 SIRLOIN
丁骨牛排 T-BONE STEAK
紅屋牛排 PORTER HOUSE STEAK
天特朗 TENDERLOIN

後部腰肉 SHORT LOIN
去骨沙朗牛排 BONELESS SIRLOIN STEAK
針骨沙朗牛排 PIN-BONE SIRLOIN STEAK
平骨沙朗牛排 FLAT-BONE SIRLOINSTEAK

臀部肉 ROUND
上部後腿肉 TOP ROUND
外側後腿肉 OUT SIDE ROUND
內側後腿肉 EYE OF ROUND OR INSIDE ROUND
下後腿肉 BOTTON ROUND OR SLIVER ROUND

腰腹肉 FLANK
腰腹肉牛排 FLANK STEAK
腰腹肉捲 FLANK ROLL
腰腹絞肉 GROUND BEEF

腩排肉 SHORT PLATE
牛小排 SHORT RIB
牛腩肉 BRISKET
絞肉 GROUND BEEF

前腿肉 FORESHANK
小腿切塊 SHANK CROSS CUT
絞肉 GROUND BEEF

內臟及其它 OFFAL AND OTHERS
牛心 BEEF HEART
牛舌 BEEF TPNGUE
牛尾 OX-TAIL
牛骨 MARROW BONE
牛肚 BEEF TRIPE
牛肝 BEEF LIVER
牛腰 BEEF KIDNEY
牛腳 BEEF FEET

犢牛肉 VEAL

背部及鞍部肉 PACK AND SADDLE
條肉、腰肉 LOIN
菲力、小里肌 FILLET
肋排 RIB

腿部肉 LEG
上腿肉 TOP ROUND
腱子 SHANK

豬肉 PORK

背部肉 PACK
大里肌 LOIN
小里肌 FILLET
肋排 RIB
頸部肉 NECK

臀部肉 ROUND
上腿肉 TOP ROUND

排骨 SPARE RIB
肩部肉 SHOULDER
腹部肉 BELLY

內臟與其它 OFFAL AND OTHERS
豬頭肉 HEAD
豬蹄 KNUCKLE
腰與肝 LIVER AND KINDEY
舌 TONGUE
腦 BRAIN
腳 FEET

羊肉 LAMB

背部及鞍部肉 RACK AND SADDLE
全鞍部肉 WHOLE SADDLE
羊排 LAMB CHOP
大里肌 LAMB LOIN

腿肉 LEG
胸肉 BREAST
羊膝 LAMB SHANK
肩部肉 LAMB SHOULDER

家禽、野味類
POULTRY AND GAME

家禽類 POULTRY
老母雞 OLD CHICKEN
成雞 CHICKEN
春雞 SPRING CHICKEN
火雞 TURKEY
鴨 DUCK
鵝 GOOSE

野味類 GAME
雉雞 PHEASANT
鵪鶉 QUAIL
綠頭鴨 MALLAR DUCK
野鴿 WILD PIGEON
野兔 WILD RABBIT
鹿肉 VENSION

魚類、海鮮類
FISHES AND SEAFOOD

魚類 FISHES
淡水魚 FRESH WATER FISH
鯉魚 CARP
鱒魚 TROUT
鰻魚 EEL
梭子魚 PIKE
鮭魚 SALMON
鮭鱒 SALMON TROUT

海水魚 SEA WATER FISH

鱸魚 SEA PERCH
紅鰹魚 RED MULLET
鯛魚 RED BREAM
紅魚 RED SNAPPER
白銀魚 WHITING
鱈魚 COD
沙丁魚 SARDINE
海令魚 HERRING
鯖魚 MACKEREL
鮪魚 TUNA FISH
杜佛板魚 DOVER SOLE
突巴魚 TURBOT
哈立巴魚 HALIBUT
鱘魚 STURGEON
鯷魚 ANCHOVY
鯧魚 POMFRET
石斑魚 GROUPER
黑貂魚 SABLE
旗魚 SWORD FISH
甲魚（鱉）TURTLE

海鮮類 SEAFOOD

甲殼類 CRUSTACEANS

小蝦 SHRIMPS
明蝦 PRAWNS
龍蝦 LOBSTER
小龍蝦 CRAYFISH
拖鞋龍蝦 SLIPPER LOBSTER
大龍蝦 ROCK LOBSTER
大王蟹 KING CRAB

雪蟹 SNOW CRAB
大西洋蟹 EDIBLE CRAB
軟殼蟹 SOFT-SHELL CRAB
石蟹 STONE CRAB
蟳蟹 MANGROVE CRAB

軟體類 MOLLUSCS

淡菜 MUSSEL
蠔 OYSTER
蛤 CLAM
干貝 SCALLOP
鮑魚 ABALONE
田螺 SNAIL
章魚 OCTOPUS
花枝 CUTTLEFISH
烏賊 SQUID
田雞腿 FROG LEGS

保存性食品
PRESERVED FOOD

保存性魚類與魚卵類製品
PRESERVED FISHES & ROES

罐裝鯷魚 CANNED ANCHOVY
罐裝鮪魚 CANNED TUNA FISH
罐裝田螺 CANNED SNAIL
罐裝沙丁魚 CANNED SARDINES
醃漬海令魚 MARINADE HERRING
醃燻鮭魚 SMOKED SALMON
醃燻鰻魚 SMOKED EEL

醃燻鮭魚 SMOKED TROUT
醃燻鯖魚 SMOKED MACKEREL
貝魯加魚子醬 BELUGA CAVIAR
塞魯加魚子醬 SEVRUGA CAVIAR
小粒貝路加魚子醬 OSSTROVA CAVIAR
魴 LUMP FISH ROE
海水鮭魚卵 SALTWATER SALMON ROE

保存性肉類製品 PRESERVED MEATS

火腿 HAM
煙燻火腿 SMOKED HAM
風乾火腿 PARMA HAM
圓形火腿 ROLL HAM
煙燻里肌肉 SMOKED PORK LOIN
切片培根 SLICED BACON
塊狀鵝肝醬 BLOC DE FOIE GRAS
鵝肝慕司 GOOSE LIVER MOUSSE
煙燻火雞肉 SMOKEDTURKEY BREAST
鹹牛肉 CORNED BEEF
煙燻牛舌 SMOKED OX-TONGUE
煙燻胡椒牛肉 PASTRAMI
風乾牛肉 DRY BEEF
義大利風乾香腸 SALAMI
里昂式肉腸 LYONER WURST
犢牛肉腸 VEAL SAUSAGE
豬肉香腸 PORK SAUSAGE
熱狗香腸 HOT DOG
奇布里塔香腸（義大利）CHIPOLATA SAUSAGE
德國香腸 BRAT WURST
西班牙蒜味香腸 CHORIZO

乳類、油脂類與蛋類品
DAIRY、FAT AND EGGS

乳類與油脂類 DAIRY AND FAT

不帶鹽份牛油 UNSALTED BUTTER
帶鹽份牛油 SALTED BUTTER
豬油 LARD
瑪琪琳 MARGARINE
鮮奶油 CREAM
牛奶 MILK
酸奶油 SOUR CREAM
優酪乳（酵母菌）YOGURT
打發鮮奶油 WHIPPING CREAM

起士 CHEESE

康門伯起士 CAMEMBERT
伯瑞起士 BRIE
瑞柯達起士 RICOTTA
瑪斯卡邦起士 MASCARPONE
莫札里拉起士 MOZZARELLA
白屋起士 COTTAGE CHEESE
奶油起士 CREAM CHEESE
伯生起士 BOURSIN CHEESE
湯米葡萄乾起士 TOMME AU CHEESE
波特沙露起士 PORT-SALUT CHEESE
巧達起士 CHEDDAR CHEESE
葛瑞耶起士 GRUYERE CHEESE
依門塔起士 EMMENTAL CHEESE
亞當起士 EDAM CHEESE
勾塔起士 GOAT CHEESE
哥達起士 GOUNA CHEESE

帕瑪森起士 PARMESANN CHEESE
歌歌祖拉起士 GORGONZOLA CHEESE
拉克福藍莓起士 ROQUEFORT CHEESE
煙醺依門塔起士 SMOKED EMMENTAL CHEESE
丹麥藍莓起士 DANISH BLUE CHEESE

冰淇淋 & 雪碧
ICE CREAM & SHERBET

冰淇淋 ICE CREAM
香草冰淇淋 VANILLA ICE CREAM
草莓冰淇淋 STRAWBERRY ICE CREAM
巧克力冰淇淋 CHOCOLATE ICE CREAM
咖啡冰淇淋 COFFEE ICE CREAM
芒果冰淇淋 MANGO ICE CREAM
薄荷冰淇淋 PEPPER MINT ICE CREAM
蘭姆酒葡萄乾冰淇淋 RUM RAISIN ICE CREAM

雪碧 SHERBET
檸檬雪碧 LEMON SHERBET
柳橙雪碧 ORANGE SHERBET
鳳梨雪碧 PINEAPPLE SHERBET
奇異果雪碧 KIWI-FRUIT HERBET

食用蛋類 EGGS

雞蛋 CHICKEN EGG
鵝鵝蛋 GOOSE EGG
鴨蛋 DUCKEGG
鵪鶉蛋 QUAILEGG
鴿蛋 PIGEON EGG

蔬菜類 VEGETABLES

葉菜類 LEAF VEGETABLES
苜蓿芽 ALFALFA
波士頓生菜 BOSTON OR BUTTER HEAD LETTUCE
捲齒形生菜 FRISSE OR CHICORY
結球萵苣 ICEBERG LETTUCE
貝芽菜 KAIWARE
生菜葉 LETTUCE LEAF
紅生菜 RED CHICORY
蘿蔓生菜 ROMAINE OR COSLETTUCE
菠菜 SPINACH
西洋菜 WATER CRESS

結球莖和芽狀類 BRASSICAS AND SHOOTS VEGETABLES
朝鮮 ARTICHOKE
白蘆筍 ASPARAGUS WHITE
綠蘆筍 ASPARAGUS GREEN
比利時生菜 BELGIAN ENDIVE
青花菜 BROCCOLI
小捲心菜 BRUSSELS SPROUTS
紅包心菜 CABBAGE RED
白包心菜 CABBAG WHITE
白花菜 CAULIFLOWER
玉米 CORN
西芹 CELERY

果菜類 FRUITS AND VEGETABLES
牛油果 AVOCADO
胡瓜 BOTTLE GOURD

辣椒 CHILLI
大黃瓜 CUCUMBER BIG
小黃瓜 CUCUMBER SMALL
茄子 EGG PLANT
秋葵 OKRA
青椒 PEPPER GREEN
紅甜椒 PEPPER RED
黃甜椒 PEPPER YELLOW
南瓜 PUMPKIN
番黃瓜 SQUASH
蕃茄 TOMATO
櫻桃蕃茄 TOMATO CHERRY
番胡瓜 VEGETABLE MARROW
義大利櫛瓜 ZUCCHINI

根莖類蔬菜 ROOTS TOCK

紫菜頭 BEETROOT
紅蘿蔔 CARROT
芹菜頭 CELERY ROOT
野蔥 CHIVE
韭菜花 CHIVE FLOWER
大蒜 GARLIC
薑 GINGER
青蒜苗 LEEK
洋蔥 ONION
小洋蔥 BABY ONION
紅洋蔥 ONION RED
洋芋 POTATO
甜蕃薯 POTATO SWEET
小紅菜頭 RED RADISH
黑皮參 SALSIFY
紅蔥頭 SHALLOT
青蔥 SPRING ONION
白蘿蔔 TURNIP WHITE

菌菇類 MUSHROOMS

鮑魚菇 OYSTER MUSHROOM
牛菇菌 CEPES
黃香菇 CHANTRELLS
新鮮黑香菇 CHINESE MUSHROOM
燈籠菇 MORRELS
草菇 STRAW MUSHROOM
黑松露 TRUFFLE BLACK
白松露 TRUFFLE WHITE
洋菇 WHITE MUSHROOM

新鮮豆類及乾燥豆類
FRESH BEANS & DRY BEANS

新鮮豆類　FRESH BEANS

荷蘭豆 SNOW PEA
四季豆 FRENCH BEAN
長江豆 STRING BEAN
毛豆 FAVA BEAN
綠豆芽 GREEN BEAN SPROUT
黃豆芽 SOY BEAN SPROUT

乾燥豆類　DRY BEANS

青豆 GREEN PEA
雞豆 CHICK-PEA
褐色扁豆 BROWN LENTIL
波士頓白豆 BOSTON BEAN
蠶豆 BROAD BEAN
紅腰豆 RED KIDNEY BEAN
利馬白豆 LIMA BEAN

水果類 FRUITS

瓜類 MELONS

西瓜 WATER MELON
哈密瓜 HONEY DEW
香瓜 MUSKMELON

棗子 DATE
無花果 FIG
石榴 POMEGRANATE

熱帶水果 TROPICAL FRUITS

鳳梨 PINEAPPLE
木瓜 PAPAYA
芒果 MANGO
香蕉 BANANA
椰子 COCONUT
芭樂 GUAVA
百香果 PASSION-FRUIT
柿子 PERSIMMON
楊桃 CARAMBOLA
蓮霧 LIEN-WU
釋迦 SWEET SOP
奇異果 KI-WI FRUIT
山竹 MANGO STEEN
紅毛丹 RAMBUTAN
榴槤 DURIAN
荔枝 LICHEE
龍眼 LONGAN
紅琵琶 LOQUAT
葡萄 GRAPE

桔皮水果 CITRU FRUITS

柳橙 ORANGE
桔子 TANGERINE
金桔 KUMQUAT
檸檬 LEMON
萊姆 LINE
柚子 POMELO
葡萄柚 GRAPE FRUIT

漿果 BERRIN

草莓 STRAWBERRY
桑椹 RASPBERRY
紅莓 CRANBERRY
藍莓 BLUEBERRY
紅漿果 RED CURRANT
黑漿果 BLACK CURRANT

新鮮及調味香料
FRESH HERBS AND SPICES

一般水果 OTHER FRUITS

蘋果 APPLE
梨子 PEAR
桃子 PEACH
黃杏 APRICOT
李子 PLUM
櫻桃 CHERRY

新鮮香料 FRESH HERBS

香菜 CORIANDER
茵陳蒿 TARRAGON
九層塔 (羅勒) BASIL
薄荷 MINT
香薄荷 SAVORY
鼠尾草 SAGE

月桂葉 BAY LEAVE
百里香 THYME
巴西里 PARSLEY
蝦夷葱 CHIVES
奧力岡 OREGANO
馬佑蓮 MARJORAM
迷迭香 ROSEMARY
小茴、蒔蘿 DILL
野苣 CHERVIL
茴香（大茴）FENNEL
香料束 BOUQUET-GARNI
香料袋 SACHET

混合香料、調味香料及種子
MIXED HERBS SPICES AND SEEDS

咖哩粉 CURRY POWDER
山葵（辣根）HORSER ADISH
芹菜種子 CELERY SEED
茴香種子 FENNEL SEED
蒔蘿種子 DILL SEED
紅椒辣粉 CAYENNE PEPPER POWDER
花椒 ANISE-PEPPER
青胡椒粒 GREEN PEPPER CORN
白胡椒粒 WHITE PEPPER CORN
黑胡椒粒 BLACK PEPPER CORN
紅胡椒粒 PINK PEPPER CORN
肉荳蔻 NUTMEG
丁香 CLOVES
大蒜頭 GARLIC
肉荳蔻皮 MACE
肉桂 CINNAMON
紅椒粉 PAPRIKA

嬰粟種子 POPPY SEED
小茴香 CUMIN
香菜種子 CORIANDER SEED
紅花 SAFFRON
小荳蔻 CARDAMOM
牙買加胡椒 ALLSPICE
鬱金根粉（薑黃）TURMERIC
葛縷子 CARAWAY
八角（茴香）STAR ANISE
薑 TURMERIC
茴香（甜歐蒔蘿）ANISE SWEET CUMIN
杜松子（苦艾）JUNIPER BERRLE
辣椒粉 CHILL POWDER
香草 VANILLA

雜貨類 GROCERY

果核及種子類 NUTS & SEEDS

核桃 WALNUT
榛果 HAZEL NUT
巴西胡桃 BRAZIL NUT
杏仁 ALMOND
板栗 CHESNUT
花生 PEA NUT
開心果 PISTACHIO
松子 PINE SEED
腰果 CASHEW NUT
南瓜子 PUMPKIN SEED
葵花子 SUNFLOWER SEED

調味料（沙司） SAUCE

蘋果沙司 APPLE SAUCE

感 謝 名 單

贊助廠商

十代食品有限公司
電話：(07)397-1198
地址：高雄市懷安街 30 號

四方鮮乳牧場
電話：(03)758-4743
地址：苗栗縣竹南鎮崎頂里 12 鄰陳崎頂 9 之 6 號

六協興業股份有限公司
電話：(04)227-91105
地址：台中市太平區精美路 31 號

芳成工業股份有限公司
電話：(07)749-8800
地址：高雄市苓雅區中正一路 56 巷 42 號

日燁國際興業有限公司
電話：(02)877-06886
地址：北市松山區民權東路三段 106 巷 3 弄 1 號 1 樓

美雅食品有限公司
電話：(07)397-1198
地址：高雄市三民區民族巷 1 號 (近建工路)

台灣麗固有限公司
電話：(02)272-994688
地址：台北市信義區信義路五段 5 號 (世貿中心，7 樓 A19-22)

冠廚食品有限公司
電話：(04)242-51443
地址：台中市西屯區中清路 152-30 號

全球餐飲發展有限公司
電話：(04)223-51766
地址：台中市北區崇德路 256 巷 3 之 48 號 5 樓

浩展水產有限公司
電話：(04)242-10099
地址：台中市北屯區崇德十路二段 366 號

特別感謝

高雄圓山飯店副主廚
陳金選 師傅 (圖左)

遠百企業 (愛買量販店
熟食區) 主廚 盧科利 師
傅 (圖右)
協助拍攝

西餐大師
在家做出100道主廚級的豪華料理

To Be A Western
style Food Chef

作　　者	許宏寓、賴曉梅
攝　　影	楊志雄
編　　輯	吳孟蓉
美術設計	潘大智

發 行 人	程安琪
總 策 畫	程顯灝
總 編 輯	呂增娣
主　　編	李瓊絲
編　　輯	鄭婷尹、陳思穎、邱昌昊
美術總監	潘大智
美　　編	游心苹、閻虹
行銷總監	呂增慧
行銷企劃	謝儀方、吳孟蓉

發 行 部	侯莉莉
財 務 部	許麗娟
印　　務	許丁財
出 版 者	橘子文化事業有限公司

總 代 理	三友圖書有限公司
地　　址	106 台北市安和路 2 段 213 號 4 樓
電　　話	(02) 2377-4155
傳　　真	(02) 2377-4355
E－mail	service@sanyau.com.tw
郵政劃撥	05844889 三友圖書有限公司

總 經 銷	大和書報圖書股份有限公司
地　　址	新北市新莊區五工五路 2 號
電　　話	(02) 8990-2588
傳　　真	(02) 2299-7900

製　　版	興旺彩色印刷製版有限公司
印　　刷	鴻海科技印刷股份有限公司
初　　版	2013 年 7 月
初版二刷	2015 年 11 月
定　　價	新臺幣 649 元
I S B N	978-986-6062-45-2(平裝)

SANYAU
http://www.ju-zi.com.tw
三友圖書
友直 友諒 友多聞

國家圖書館出版預行編目資料

西餐大師：在家做出 100 道主廚級的豪華料理 / 許宏寓,
賴曉梅作 .-- 初版 .-- 臺北市：橘子文化 , 2013.07
面；　公分

ISBN 978-986-6062-45-2(平裝)

1. 食譜
427.12　　　　　　　　　　　　　102012281

三友圖書 / 讀者俱樂部

填妥本問卷，並寄回，即可成為三友圖書會員。
我們將優先提供相關優惠活動訊息給您。

粉絲招募
歡迎加入

。看書 所有出版品應有盡有
。分享 與作者最直接的交談
。資訊 好書特惠馬上就知道

旗林文化╳橘子文化╳ 四塊玉文創
https://www.facebook.com/comehome.life